苏州城乡一体化过程中农民安置问题及空间规划对策研究

杨新海　彭　锐　范凌云　著

中国建筑工业出版社

图书在版编目（CIP）数据

苏州城乡一体化过程中农民安置问题及空间规划对策研究/杨新海，彭锐，范凌云著. —北京：中国建筑工业出版社，2016.7
ISBN 978-7-112-19617-3

Ⅰ.①苏…　Ⅱ.①杨…　②彭…　③范…　Ⅲ.①乡村规划—研究—苏州市　Ⅳ.①TU982.295.33

中国版本图书馆CIP数据核字（2016）第171065号

责任编辑：何　楠　陆新之
书籍设计：康　羽
责任校对：李欣慰　张　颖

苏州城乡一体化过程中农民安置问题及空间规划对策研究
杨新海　彭　锐　范凌云　著

*

中国建筑工业出版社出版、发行（北京西郊百万庄）
各地新华书店、建筑书店经销
北京锋尚制版有限公司制版
北京顺诚彩色印刷有限公司印刷

*

开本：787×1092毫米　1/16　印张：13　字数：229千字
2016年12月第一版　2016年12月第一次印刷
定价：112.00元
ISBN 978－7－112－19617－3
（29090）
版权所有　翻印必究
如有印装质量问题，可寄本社退换
（邮政编码 100037）

本书根据苏州市规划局委托的“苏州城乡一体化过程中农民安置问题及空间规划对策研究”研究课题的成果形成。课题报告作为研究类成果获江苏省第十五届优秀工程设计三等奖。

课题负责人：杨新海

苏州科技大学：彭　锐　范凌云　成晋晋　周德坤　赵剑锋　曹　喆　刘　燕　平　茜

苏州市规划局：施　旭　张杏林　赵小兵

教育部人文社会科学研究规划基金项目
（14YJAZH098）
江苏省高等学校优势学科建设工程
江苏省高等学校品牌专业建设工程

序

党的十八大指出，解决好农业、农村、农民问题是全党工作的重中之重。2014年12月，习近平总书记在江苏调研时强调，农业、农村、农民问题，始终是关系党和国家工作大局的重大问题。没有农业现代化，没有农村繁荣富强，没有农民安居乐业，国家现代化就是不完整、不全面、不牢固的。目前，农业还是“四化”同步发展的短腿，农村还是全面建成小康社会的短板。中国要强，农业必须强；中国要美，农村必须美；中国要富，农民必须富。

新型城镇化和城乡发展一体化，是解决城乡二元结构和“三农”问题的重要途径，是推动城乡协调发展的有力支撑，是促进经济转型升级的重要抓手，是苏州率先基本实现现代化的必由之路。改革开放以来，苏州始终坚持城乡协调发展方略，从20世纪80年代乡镇企业“异军突起”，到90年代开放型经济蓬勃发展，再到进入新世纪，率先开启城乡发展一体化的探索和实践，先后推出“三集中”、“三置换”、“三大合作”、“三大并轨”、“四个百万亩”等一系列改革举措，苏州逐步实现了由城乡分割、工农分化到以城带乡、以工促农的转变，进而迈入了城乡一体、工农互惠的新阶段。2014年3月，国家发展和改革委员会正式批复将苏州列为国家城乡发展一体化综合改革试点。从“省级试点”上升到“国家试点”，这是对苏州城乡发展一体化实践的充分肯定，带来了“改革红利”，同时也赋予了苏州更大的责任与担当。

不久前，苏州市政府发布了《苏州市新型城镇化与城乡发展一体化规划》。规划阐明了苏州未来建设城乡一体新型社会的总体目标、重点任务与发展路径，描绘了推进新型城镇化和城乡发展一体化的空间形态，提出了城乡发展一体化改革的主要方向和关键举措，为苏州积极稳妥推进城乡发展一体化和新型城镇化指明了方向。具体说来，就是加快转入以提升质量为主的转型发展阶段，坚持以城乡发展一体化为目标，以人的城镇化为核心，以体制机制创新为关键，勇于探索应对之策，积极破解发展难题，努力走出一条具有时代特色，符合苏州实际的城乡发展一体化和新型城镇化建设新路子。而在这一过程中，农民安置问题无疑具有重要的地位和作用，它既是城乡一体化启动实施的抓手——释放土地潜能，集约利用空间，完善设施配套；又是新型城镇化的重点——转变生活方式，共享发展成果，保证农民受益。

针对这一重大课题，苏州科技大学在既有小城镇研究的学科优势基础上审时度势，2010年9月起就与苏州市规划局合作，较早地开展了“城乡一体化过程中苏州农民安置问题及空间规划对策研究”。课题通过对苏州农民安置区的系统调查和抽样研究，总结梳理既往农民安置问题，并以问题为导向，基于苏州城乡发展一体化的要求与趋势，本着兼顾阶段性与长期性、创新性与稳定性、科学性与操作性的原则，提出相应的对策建议，重点对农民安置空间的规划设计策略进行了深化研究。

本书有两大特点比较突出：一是以调查为基础。课题组调查了苏州市城乡发展一体化先导区内的40个农民安置点，并选取其中26个安置点作为样本进行重点研究，样本选择充分兼顾建设时间、选址规模、结构布局等差异，充分体现城乡发展一体化的背景和特征。调查过程中，研究人员通过资料收集、部门走访、现场踏勘、实地访谈、问卷调查、交流座谈等方式，深入调查安置点实际，分析研究安置点问题及成因，广泛吸收各方意见与建议。二是以问题为导向。课题组基于现状调查研究成果，以问题为导向，按农民安置模式和安置空间规划两条主线，分别深入研究了现状问题和成因，有针对性地提出了解决问题的对策建议。对策研究是本成果的核心内容，兼顾创新性和可操作性，强化系统性和科学性，努力使理论研究的创新落实于对策建议的可行，安置模式的创新落实于空间规划的支撑，研究观点的创新落实于规划要点和指引。

可以说，这本书既是基于当时的一线调查报告，也是一部深入研究的学术著作。本书基于“可持续生计”理念提出的安置模式，基于“空间正义”理念提出的空间规划对策，对于城乡发展一体化背景下的苏州农民安置工作具有很强的现实意义和指导价值，相信对其他地区亦有重要借鉴意义，对国家有关部门研究制定政策也有参考价值。

杨新海

2015年冬于苏州

前　言

苏州自古就是“东南雄州”和“鱼米之乡”，前者指城，后者说乡，二者和谐共生，相得益彰。苏州也是当前中国经济社会发展最快和城镇化水平最高的地区之一，曾因以乡镇企业、小城镇和外向型经济发展为特征的快速城市化进程而受到国人瞩目。在高速的经济发展和城市化过程中，城乡均衡渐渐被打破，大量的农用地被征用转化为城市建设用地，随之产生了数量众多的失地农民。他们不仅面临着身份的转换，从乡村农民变成城市市民；而且面临生活空间的转移，从散布的村头田间转向集中的居住社区；还要面临生活方式的转变，从自给自足的乡村生活转向综合多元的城镇生活，加之这些转变几乎是突变的，缺乏时间空间、生活习惯以及社会心理的过渡，甚至被媒体形容为“一夜之间、洗脚上楼”，因此如何妥善安置农民，科学合理地完成上述多重转变已成为事关城乡统筹发展、小康社会建设的重要课题。

相比较其他地区常规的城市化进程，作为快速城市化地区的苏州需要安置的农民数量多、规模大，情况也更复杂。特别是2008年苏州被批准为城乡一体化发展综合配套改革试点区以来，从“两个率先”到“三区三城”，从“江苏省唯一的城乡一体化发展综合配套改革试点区”到“国家发改委城乡一体化发展综合配套改革联系点”和“中澳管理项目四个试点城市之一”，苏州的城乡一体化发展综合配套改革一方面积极探索并实施了一系列创新的政策和方法，为农民安置工作提供了更好的政策环境：“三形态”为农民安置厘清了宏观思路，“三集中”为农民安置指明了空间方向，“三置换”为农民安置提供了操作基础，“三大合作”为农民安置提供了持续保障，“三年计划”为农民安置架构了行动规划……总体上取得了很好的成效。另一方面也对农民安置提出了更高的要求，毕竟目前短时间内大规模集中安置的模式，不同于常规城市化过程中小规模渐进式的分散安置方式，农民安置工作面临众多新的情况与困境，农民安置政策和空间规划管理上的不足都会引发经济、社会、环境以及农民生产、生活、心理等方面的相应问题，甚至可能出现“失地、失居、失业、失利、失靠、失权”等隐患，特别是在“把空间让给城市，把利益让给农民”的大背景下，如何从更高的要求有针对性地提出农民安置工作对策，做到利益合理分配、空间科学布局、生活和谐转变，已成为迫切需要解决的重大问题。

基于此，苏州科技大学受苏州市规划局委托，共同组成课题组，于2010年9月-2011年5月开展了“苏州城乡一体化过程中农民安置问题及空间规划对策研究”，通过对苏州农民安置区进行抽样调查和系统研究，总结梳理既往农民安置问题，并在城乡一体化的大背景下，以问题为导向，以利益合理分配、空间合理布局、生活和谐转变为主线提出对策建议。本书就是在课题成果的基础上完成的。全书由研究报告、附件、附录三部分组成。研究报告分为绪论、基础研究、安置政策研究、空间规划研究四部分，附件包括《苏州市农民集中安置区规划对策要点汇编》及《农民集中安置区公共服务设施配置规划指引》，附录包含《调查案例评述及汇编》、《调查问卷及数据分析》两部分内容。

其中，安置政策研究和空间规划研究是本书研究的重点：

在安置政策研究中，本书将“可持续生计”理念作为苏州农民安置的目标，突出延续性、发展性、公正性原则，打好“组合拳”，有选择地对安置模式与政策形成三方面重点完善。①优化多元安置。变单一集中安置为多元分散安置，一方面在住房安置中改变“以房换房”的单一结构，利用货币化手段引导鼓励农民自主选择居住方式和住宅产品；另一方面在城镇住房结构中考虑增加“城镇化保障性住房”，为农民自主购房、分散进城、与城市居民混合居住提供便利。②深化一次性安置。一方面应当适时体现土地发展权和宅基地使用权的补偿，以此提高征地补偿标准，增加农民收益，共享发展成果；另一方面在住宅安置中，采取面积安置与人口安置相结合的计算方法，同时在农民获得的安置面积内提供“套餐化”的多种选择，使财产性收入效益最大化。③强化持续性安置。具体体现在强化社会保障、强化富民增收、强化就业安置等三个方面的完善。同时研究成果提出了健全法规、疏导心理的政策建议：完善农民安置的相关法律法规，建立部门之间有效沟通的协调机制，公开并详细讲解安置补偿政策与方案，鼓励农民全过程的积极参与，充分尊重农民自主选择权，关心并疏导农民心理隐患。

在空间规划研究中，引入“空间正义”理念，作为农民集中安置区空间规划设计的价值追求和行动纲领。结合现状问题提出可操作性对策，简要概括为以下几点：①选址中加强规划引领，全面贯彻“三靠”。加强规划引领就是要在服从城市整体规划的基础上加强土地部门选址、镇村布局选址和安置区选址的协调，同时强化住房建设规划的统筹，将商品房、保障性住房、廉租房和农民安置区等统筹考虑，通过城镇控制性详细规划予以法定。“三靠”原则是指安置区选址应尽量靠近镇区、工业区或者专业市场。②规模和布局上提倡混合居住，合理确定规模。混合居住是国内外理论和实践业已证明、能有助于解决城市社会问题的科学居住形式。建议在基层社区层面以一定比例混合布置合理规模的安置小区与城市社区，共享社区公共设施。同时出于“可持续生计”考虑，混合布置“集中出租公寓”、“对外出租物业”和“自主创业坊”等。安置区内部空间结构则回归和延续传统空间序列和组织，加强农民的空间认同感。③居住建筑户型设计上应提高多样性与针对性。针对安置区特殊居民构成和“可持续生计”要求，增加老年人公寓、老少居、出租公寓、商住公寓等多种弹性化套型；针对安置农民的传统生活习惯，对居住建筑的公用空间进行特殊设计。同时以生态社区为目标，创新结构，灵活布局，加强特色创造。④公建配置上则提出了“内外兼顾、共享城市设施”，“科学定量、提高配建指标”，“双管齐下、完善配套内容”，“以人为本、增加配套设施”，“特色先导、强化空间形象”等对策建议。课题组在研究了北京、上海、重庆等地相关公共服务设施配置标准的基础上，综合上述对策建议，尝试提出了《农民集中安置区公共服务设施配置规划指引》。

课题组

2015年12月

目　录

第 2 章　基础：城乡一体化和农民安置

第 3 章　政策：农民安置模式研究

第1章 绪论

1.1 研究背景与缘起

本课题研究以“苏州城乡一体化过程中农民安置问题及空间规划对策”为出发点和落脚点，就必须根植于苏州社会经济发展的大背景。因此，课题组首先从苏州乃至全国的既往、现实和未来的时空背景中去明晰研究的缘起与走向，以便厘清研究的目标和任务。

1.1.1 基于既往的背景——盲点和隐患亟须反思

从“乡镇经济”到“苏南模式”；从城市化扩张背景下“自上而下”的安置到“三集中”背景下“自下而上”的安置；从小规模、渐进式、分散型安置到大规模、激变式、集中型安置……无论是苏州的城乡建设还是农民安置都伴随着社会经济的高速发展而发生着巨大的变革。诚然，既往苏州的城乡发展取得了辉煌的成就，农民安置区也有着无数的成功样本。但在农民安置方面也客观存在、暗藏或者发酵着很多问题，如：安置模式单一、就业保障不足、补偿标准较低、空间规划单调等，这些不仅影响着农民“安居乐业”，更事关社会和谐稳定。2010年7月发生的通安群体事件已经为我们敲响了警钟（图1-1），促使我们反思既往快速城市化背景下农民安置过程中存在的“盲点和隐患”，总结经验教训。

图1-1 基于既往的背景——盲点和隐患亟须反思

1.1.2 基于现实的背景——规划和实践亟须指导

2008年9月，苏州市被批准为江苏省城乡一体化发展综合配套改革试点区，率先进行实践探索。2010年8月，国家发展和改革委员会又确定将苏州市城乡一体化发展综合配套改革试点列为改革联系点，为苏州推进城乡一体化发展提供了重大机遇。经过两年多的精心组织和创新实践，苏州的城乡一体化改革发展取得了巨大的成绩，被新华网誉为“苏南模式的潇洒嬗变和人间天堂的美丽模糊”，并通过各级新闻媒体和《城乡一体化建设——苏州的实践与探索》一书向全国推广成果和经验。无论是“六个统筹”还是“七个一体”，无论是探索“三个置换”、实施“三个集中”，还是发展“三大合作”、健全“三大保障”（图1-2），虽然城乡一体化的内容和范畴很广，但对农民而言可以概括为“居住空间的转移和生活方式的转换”。在这场特殊的“双重转变”中，农民安置无疑具有重要的地位和作用，它既是城乡一体化启动实施的抓手——释放土地潜能，集约利用空间，完善设施配套；又是纵深深化的重点——完成生活转变，共享发展成果，保证农民受益。特别是苏州23个城乡一体化先导区正在陆续进行的规划和建设实践，面广量大，亟需理论研究的指导与回应，以期规避既往快速城市化过程中的问题，满足城乡一体化发展的更高要求。

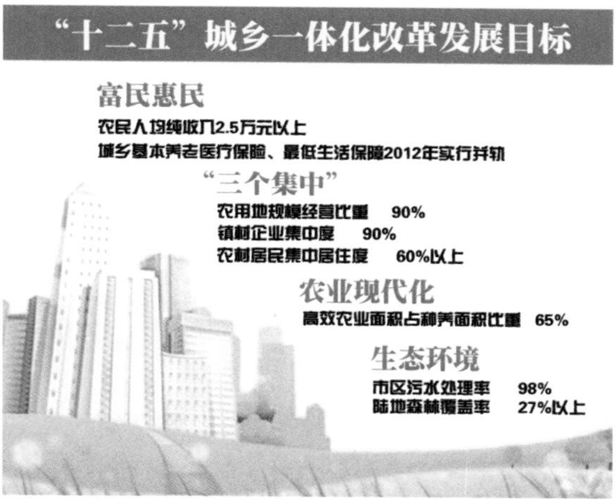

图 1-2　基于现实的背景——规划和实践亟须指导

1.1.3　基于未来的背景——变数和方向亟须绸缪

虽然苏州的城乡一体化改革发展取得了很大的成绩，“苏州经验”正在全国推广，但是城乡一体化进程中的隐忧值得重视。全国政协副主席李金华在对苏州实践表示高度赞扬的同时，也对城乡一体化过程中可能出现的农民安置问题表示了担忧：“那种表面上轰轰烈烈，农民纷纷搬进城镇中新盖成的公寓式住宅的做法，如果解决不好农民的就业以及土地置换的利益分配等问题，实际上反而使得农民的权益受到损害。宁可城乡一体化进程慢一点，也绝对不能损害农民利益”[1]。这样的担忧是不无道理的，近年来，国内部分地区片面追求增加城镇建设用地指标，擅自开展城乡建设用地增减挂钩试点或扩大试点的规模和范围，甚至将其理解为“释放农村宅基地潜能的一场盛宴”，违背农民意愿强拆强建，侵害农民利益的行为时有曝光。为此，2011年初国务院召开常务会议并通过文件立规“增减挂钩”，严禁农民“被上楼”（图1-3），全国各地也开展清理检查工作，未来农民拆迁安置和土地补偿政策也会相应调整。在此宏观背景下，如何在农民安置中体现城乡一体化的初衷，如何使农民在安置中受益并分享城乡一体化成果，如何未雨绸缪同时把握未来发展的方向和变数，是开展本课题研究的基本任务。

国务院：禁止违背农民意愿大拆大建和建高楼

2010年11月10日20:00　中国新闻网　我要评论(0)　字号：T | T

中新网11月10日电 据中国政府网消息，国务院总理温家宝10日主持召开国务院常务会议，研究部署规范农村土地整治和城乡建设用地增减挂钩试点工作。会议强调，开展农村土地整治要坚决防止违背农民意愿搞大拆大建、盲目建高楼等现象。

视频：国务院坚决防止违背农民意愿搞大拆大建

会议指出，近年来，各地区开展农村土地整治，有效促进了耕地保护；同时，一些地方开展城乡建设用地增减挂钩试点，对统筹城乡发展发挥了积极作用，但也出现了一些亟需规范的问题。主要是：少数地方片面追求增加城镇建设用地指标，擅自开展城乡建设用地增减挂钩试点或扩大试点范围，擅自扩大挂钩周转指标规模；有的地方违背农民意愿强拆强建，侵害农民利益；挂钩周转指标使用收益分配不规范等。必须采取有力措施，严格规范农村土地整治和城乡建设用地增减挂钩试点，促进其有序健康发展。

会议强调，开展农村土地整治，要以促进农民增收、农业增效和农村发展为出发点和落脚点，把维护农民合法权益放在首位，坚持最严格的耕地保护和节约用地制度，坚持群众自愿、因地制宜、量力而行、依法推进，按照统筹规划、整合资源、加大投入、实施田水路林村综合治理的原则，以农田整治为重点，提高高产稳产农田比重和节约集约用地水平。

会议要求充分尊重农民意愿，涉及村庄撤并等方面的土地整治，必须由农村集体经济组织和农户自主决定，不得强拆强建。严禁违法调整、收回和强迫流转农民承包地。坚决防止违背农民意愿搞大拆大建、盲目建高楼等现象。

多省市强行撤村换取建设用地以扩大土地财政

http://www.sina.com.cn/ 2010年11月02日02:02 新京报

9月16日，诸城土墙社区，两名农民坐在他们的庭院附近。不远处，要让农民集中住的楼房正在建设中。

9月15日，山东诸城枳沟二村，一名农民在瓦砾上吃午饭。他当天在整理建筑垃圾，寻找可用的材料。本报记者 徐重航 摄

图 1-3 基于未来的背景——变数和方向亟须绸缪

[1] 燕冰. 城乡一体化和“苏州经验”[N].苏州日报，2010-04-14。

1.2 研究目的与意义

本课题主要目的可以概括为“解决问题”和“提供示范”两大方面，研究意义则体现在“之于苏州的城乡一体化实践、苏州的城乡和谐发展和全国的城乡统筹进程”三个层面。

1.2.1 研究目的

1. 解决问题

本课题研究以问题为导向，以既有农民安置的成功经验和教训为借鉴，提出阶段性的解决对策和规划指引，一方面为未来的农民安置工作提供建议，另一方面对农民安置区的规划建设工作提供指导。

2. 提供示范

苏州作为江苏省唯一的“城乡一体化发展综合配套改革试点城市”以及国家发展和改革委员会“城乡一体化发展综合配套改革联系点和中澳管理项目四个试点城市之一”，其农民安置工作不仅事关苏州本市城乡一体化的健康发展，更兼具向江苏省其他地区乃至全国推广示范的作用。

1.2.2 研究意义

1. 之于苏州城乡一体化工作

经过两年多的实践，苏州城乡一体化发展已经初具模样，下一步将从“整体推进”转向“全面提升”。在这个过程中，2.1万个自然村将规划调整为2582个农村集中居住点，60%以上的农民将进社区集中居住[1]，农民安置的工作任重道远。如前所述，在农民安置过程中如何做到空间科学布局，生活和谐转变，利益合理分配，共享发展成果，不仅是农民安置工作现阶段迫切需要解决的首要问题，事关安置工作的成败，而且也是苏州城乡一体化工作纵深推进、全面提升和平稳实施的关键，这也是本课题研究的重点和意义所在。

2. 之于苏州的城乡和谐发展

根据课题组对中共苏州市委农村工作办公室的访谈，截至2009年，苏州已有1/3的耕地被征用（200多万亩），1/2的农民离开农田（173.5万人），其中大部分居住在集中安置区内。无可否认，这些在快速城市化进程中建成的安置区基本满足了当时的安置需要，促进了城市的快速扩张和发展。但是囿于当时的安置背景，也存在着不少问题，潜在的矛盾不断“发酵”：有的安置区远离镇区孤立存在，居住规模过大，生活配套缺失，空间环境单调，环境卫生较差，就业岗位缺乏，社区治安混乱，在下一轮发展中即将沦为“城边村”甚至是“贫民窟”；有的安置区虽地处

[1] 苏州2.1万个自然村将规划调整为2582个农村集中居住点[EB/OL]. 2009-2-5. http：//www.subaonet.com/html/importnews/200925/I75HA32A549B5EI.html?hmd。

镇区，但却陷入周边社区“高档围歼”，除了物质环境的明显差距外，居民的社会经济因素落差更加严重，从而导致群体间隔及相互排斥，成为典型的“城市洼地”，不但没有农民市民化，还加剧了社区分异和隔离（图1-4）……基于此，本课题紧扣“维稳”、“和谐”的时代背景，调查分析农民安置既往的问题，规避潜在的矛盾，指导未来的工作，以此推动苏州城乡的和谐发展。

图 1-4 远离镇区处于孤立状态的安置区

3. 之于全国的城乡统筹进程

苏州的农民安置不仅满足着“快速城市化”的扩张需要，还承担着“城乡一体化”的统筹重任，因此农民安置工作的经验和做法对处于不同发展阶段的地区和城市都具有很强的代表性和示范价值。尤其是作为全国城乡一体化发展的试点城市，苏州担负着试点经验的全国推广和示范责任，而农民安置作为城乡一体化实践起步的抓手、深化的重点和追求的目标，其成功与否直接影响着城乡一体化改革发展的全局，因此苏州农民安置的成功经验无疑是城乡一体化示范成果的重要组成部分，对全国的城乡统筹发展具有重要意义。

1.3 研究重点与难点

1.3.1 阶段性和长期性的问题

本课题的重点和难点之一是阶段性和长期性的问题，这是由“城乡一体化”这个独特的背景产生的。所谓城乡一体化，就是通过城乡统筹，优化配置资源，促进城乡经济社会全面协调可持续发展的一个过程，“化”就是过程的意思。[1] 在动态的背景下研究一个也在变化着的对象，就像在流动的水中追踪行进的鱼，这无疑增加了研究的难度。因此，在研究过程中，既要考虑到阶段性，又要兼顾长期性。比如，在样本选择上，由于城乡一体化工作刚刚开展了两年多，首批农民集中居住区尚未建成或是正在建设，基本无法进行用后调查，只能用先期的案例作关联调查。再如，在对策研究上，立足于长远固然重要，但是考虑实际，面向操作，解决现阶段的问题可能更是本次研究要重点解决的。

[1] 苏州市城乡一体化发展综合配套改革试点工作领导小组办公室. 苏州城乡一体化发展综合配套改革政策问答，2009

1.3.2 创新性和稳定性的问题

本课题的重点和难点之二是创新性和稳定性的问题，这是由农民安置自身的特点所决定的。由于农民安置是一项综合而复杂的系统工程，在操作过程中涉及法律、政策、土地、社会、经济、空间、文化、管理等多个领域，这就给本次研究带来很大的难度，其中最典型的就是创新性和稳定性的问题。比如，在一次性安置的研究中，虽然可能的创新点很多（如：补偿范围的扩大、补偿标准的提高等），但是由于既有的拆迁政策和补偿标准，横向上每个行政主体都不相同，纵向上每个发展阶段均需兼顾，因此在“维稳”的大局下既要考虑原有政策的连贯，又要进行必要的改良，而非革命性的变革，是本研究的基本价值取向（图1–5）。

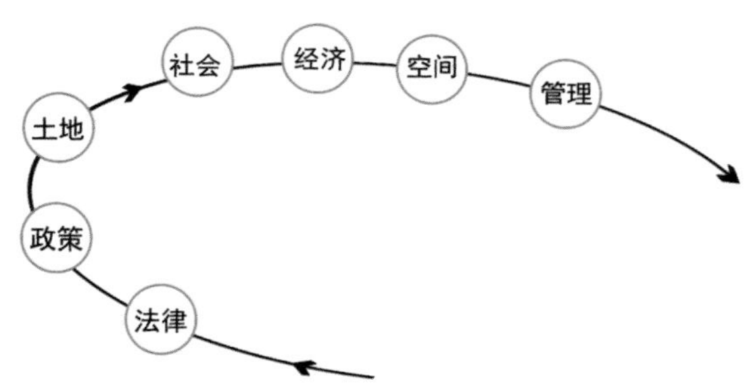

图 1–5 本次研究涉及众多领域，需要兼顾创新和稳定

1.3.3 科学性和操作性的问题

本课题的重点和难点之三是科学性和操作性的问题，这是由本次研究的目标决定的。本次研究不是一次封闭的学术行为，也不是单纯基于理想的科学工作，而是以问题为导向，以实证为基础，从实践中来到实践中去，解决问题，提供示范的综合性工作。没有科学性固然不可，但没有操作性的科学更是空中楼阁。比如，在选址研究中，基于未来规划的科学选址可能由于实施时序等具体操作而问题百出。因此兼具科学性和操作性是本次研究面临的巨大挑战。此外，在研究成果上特别增加《农民集中安置区规划对策要点汇编》，也是增强课题研究可操作性的一种尝试。

1.4 研究工作与组织

1.4.1 研究进程与组织

从2010年9月承接本课题以来，研究进程与组织工作可以分为四个阶段：

第一阶段为基础研究，时间为2010年9月至10月中旬。主要工作内容包括：确定研究框架、内容和方法，在全面开展文献研究的基础上重点对城乡一体化和农民安置进行基础研究。

第二阶段为调查研究，时间为2010年10月下旬至11月下旬。主要工作内容包括对三个不同层面的相关部门进行访谈，了解农民安置面上情况、相关政策和主要问题，同时选择农民集中安置区进行实地调研和问卷调查（图1–6）。

第三阶段为中期成果研究，时间为2010

图 1-6 课题研究通过部门访谈、实地踏勘、发放问卷等多种形式进行调查

年12月。主要工作内容包括中期研究及中期成果制作，并进行了中期成果汇报，听取了苏州市以及吴中、相城、高新区等规划管理部门领导的意见。

第四阶段为后期成果形成，时间从2010年底至2011年4月。主要工作内容是结合中期汇报的意见对研究成果进行修改和完善，同时深化增补研究内容，并有针对性地开展补充调查。

第五阶段为案例补充调查与公建量化研究，时间是2011年5月。主要工作是听取市规划局有关领导意见，对研究样本进行重新筛选并且补充了相关案例。在案例调查的基础上，对公共设施配建进行了详细的量化分析，提出了配建指标（表1-1）。

此外，本课题以问题为导向、以实证为基础，课题研究特别注重样本的分布和强度，分别在“分区—先导区—安置区”三个层面收集样本（表1-2），力求案例的典型性与代表性。

1.4.2 研究方法

1. 理论与实证研究相结合

本课题既重视理论上的提炼与应用，又加强个案的深入剖析，并力图通过实证研究使理论更为准确贴切。在实证研究时，注重宏观与微观相结合，力求将典型个案的深入解剖与对全局的整体把握结合起来，在保证典型性的基础上提高其代表性，使研究结论能够进行分析性的扩大推理，将个体推向一

课题研究的进程与组织内容　表1-1

工作进展	时间	工作地点	工作内容
第一阶段：基础研究	2010.9–2010.10	苏州科技大学	确定研究框架、内容和方法
			全面开展文献研究
			重点对城乡一体化和农民安置进行基础研究
第二阶段：调查研究	2010.10–2010.11	市级相关部门	通过访谈了解相关政策与实施情况
		区级相关部门	了解各区的相关政策及实施情况，收集区层面的安置点分布等各方面数据
		各先导区相关部门	安置区实地调研，安置居民访谈，发收问卷
第三阶段：中期成果	2010.12	苏州科技大学	中期成果制作
		市规划局	中期成果的汇报
第四阶段：后期成果	2011.1–2011.4	苏州科技大学	研究成果的修改与完善
			有针对性地补充调查和深化
第五阶段：补充调查和量化研究	2011.5	区级相关部门	听取补充意见，对案例进行筛选
		相关社区居委	访谈，收集补充案例资料，了解社区配建情况
		苏州科技大学	补充调查的资料整理处理，配建量化分析

外调工作的组织安排内容　表1-2

外调时间	调查的层面	调查地点	调查部门	获得资料
2010.11.8～13	分区层面	园区、相城、吴中、高新区	相城区规划局（土地科、拆迁办），吴中区建设局（规划科、拆迁办），吴中开发区拆迁办，苏州高新区征地拆迁办公室	苏州市征地补偿相关政策、相城区城乡一体化发展配套改革镇村布局规划、相城区安置区分布图、吴中开发区安置区分布图、吴中开发区拆迁安置工作部分数据、高新区安置区分布图、高新区安置补偿条例、苏州工业园区被动迁农民基本生活保障实施意见等
2010.11.14～19	先导区层面	唯亭、渭塘、阳澄湖、木渎、通安	唯亭镇规划办、渭塘镇经管办、阳澄湖镇镇长办公室、木渎镇拆迁办、木渎镇惠民置业公司、通安镇政府	唯亭镇安置区分布图、唯亭镇拆迁补偿条例、渭塘镇安置区分布图、阳澄湖镇安置区分布图、阳澄湖镇城乡一体化发展综合配套改革镇村布局规划、木渎镇安置区分布图、木渎镇拆迁补偿实例文件等
2010.11.20～28	安置区层面	26个点，其中精选张泾（唯亭）、天怡（长桥街道）、玉盘（渭塘）、华通（通安、镇湖）发放问卷	在安置点铺开调查，在主要社区进行基本资料的收集、社区访谈、发放问卷这三部分工作	安置区平面图及基础数据、安置区现状照片、安置区农民安置补偿实际情况、安置农民访谈、回收问卷等

般，发挥典型导向作用。

2. 文献研究与田野调查相结合

课题组同时运用传统方式和计算机网络收集国内、外有关案例、网页新闻、政府公告、文献资料，为课题研究奠定了坚实的基础。同时，通过大量的实地调查工作，掌握了很多富有价值的第一手资料。

3. 定性与定量研究相结合

课题研究中采取定性与定量相结合的研究方法：以定性方法进行研究时，辅以“定量统计”；以定量方法进行研究时，辅以定性分析。如在对问卷的数据处理中，运用SPSS统计软件进行描述性统计与相关性分析（图1−7，图1−8）。（发放问卷150余份，实际回收约120份）

4. 归纳与演绎研究相结合

在课题研究中，同时应用归纳法与演绎法分析调查资料并形成结论。归纳是将个体现象推导出一般规律，用大量的个别事实形成一般性的理论认识；演绎是将基本理论应用于个体案例分析，从而推理出可信的一般性结论。

1.4.3 研究内容与技术路线

本次课题研究的技术路线以理论研究与实证研究两部分展开，两部分相互补充、相互促进，以此保障课题研究的科学性、前瞻性（图1−9）。

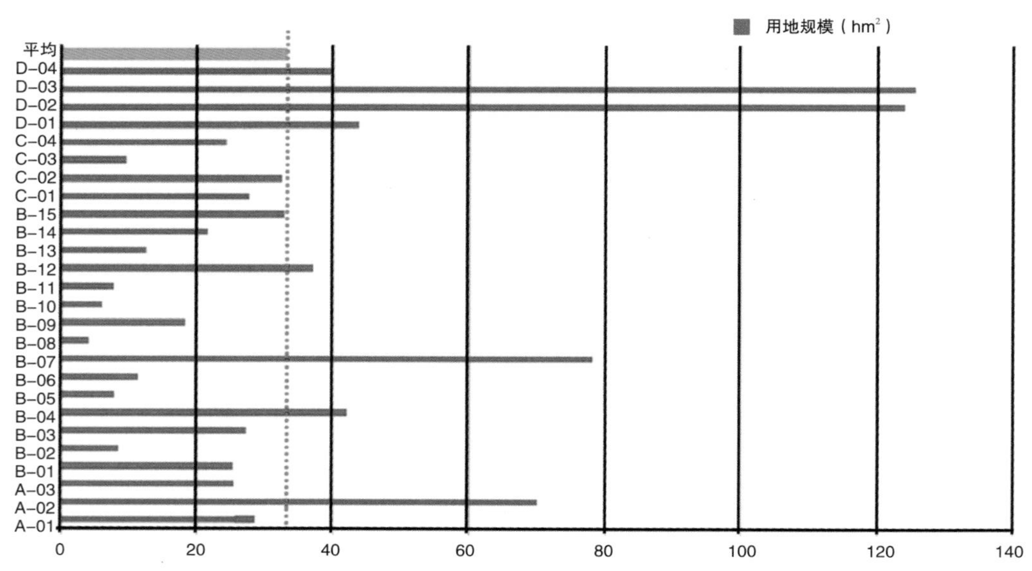

图 1−7 基础数据的统计比较

10	您获得的拆迁安置房总面积	____平方米					
11	征地时您获得的拆迁安置房套数	____套					
12	您获得的第一套房面积	____平方米					
13	您第一套房的用途	1 自住	2 给子女住	3 出售	4 出租		
14	您获得的第二套房面积	____平方米					
15	您第二套房的用途	1 自住	2 给子女住	3 出售	4 出租□		
16	您获得的第三套房面积	____平方米					
17	您第三套房的用途	1 自住	2 给子女住	3 出售	4 出租□		
18	安置房购买价格	____元/平方米（基准价）×____平方米 + 议价×____平方米					
19	您对房屋拆迁补偿的满意度	1 很不满意	2 不满意	3 满意	4 很满意		
20	您征地前主要从事的工作	1 与农业生产相关	2 生产运输设备人员	3 商业服务业人员	4 办事及有关人员	5 无业人员	6 退休
21	您现在从事的主要工作	1 与农业生产相关	2 生产运输设备人员	3 商业服务业人员	4 办事及有关人员	5 无业人员	6 退休或保养
22	您工作改变与征地拆迁是否有关	1 是	2 否				
23	您对征地前后工作变化的满意度	1 很不满意	2 不满意	3 满意	4 很满意		
24	征地前您的年个人收入	____元					
25	征地前年各来源收入	农耕	养殖	工资	经商	租金	手工活
		__元	__元	__元	__元	__元	__元
26	现在您的月个人收入	____元（租金要除人数，分红要除 12 月，全加起来才是月收入）					
27	现在各来源收入	失地补偿费	分红（年）	工资	经商	租金含车库	手工活
		__元	__元	__元	__元	__元	__元

1	您的代步工具是什么？	1 私家车	2 公交车	3 自行车(含电动)	4 步行
2	您每天上下班需要有多远？	1)2 公里以内	2) 4 公里以内	3) 6 公里以上	4) 无工作
3	您从家出门购买一些日常用品的距离有多远？	1)500 米以内	2)1 公里以内	3)2 公里以内	4)2 公里以上
4	您从住的地方去镇区或街道近吗？	1 比较近	2 一般	3 比较远	
5	主要租客是工人？学生？商业服务业人员？白领？租房收入影响因素？金融危机是否对房屋出租有影响，当时空租率高吗？租金下降百分之几？				

社区配套设施与交通：

1	您一般会如何打发闲暇时间？	1 打牌、麻将	2 聊天	3 看电视	4 其他____
2	您对小区的活动室等文化娱乐设施满意吗？	1 很不满意	2 不满意	3 满意	4 很满意
3	举行婚丧礼等活动您会在哪宴请宾客	1 饭店	2 社区活动室	3 本楼里	
4	在节假日，您会选择去哪里购物？	1 市中心商业街	2 镇上的商店	3 附近大型超市	4 社区商店
5	你对社区商业设施的满意度	1 很不满意	2 不满意	3 满意	4 很满意
6	你一般去哪里看病？	1 市里的医院	2 镇上的医院	3 社区卫生所	4 其他
7	您不选择在社区卫生所看病是因为？	1 价格贵	2 医生水平不高	3 医疗设施较差	4 服务不好
8	您家孩子的学校距离小区多远？	1) 1 公里以内	2) 1-2 公里	3) 2-5 公里	4) 5 公里以上
9	您是否拥有汽车或有计划购买汽车？	1 有	2 没有	3 有计划购买	

图 1-8 安置区的现场调查图片与问卷

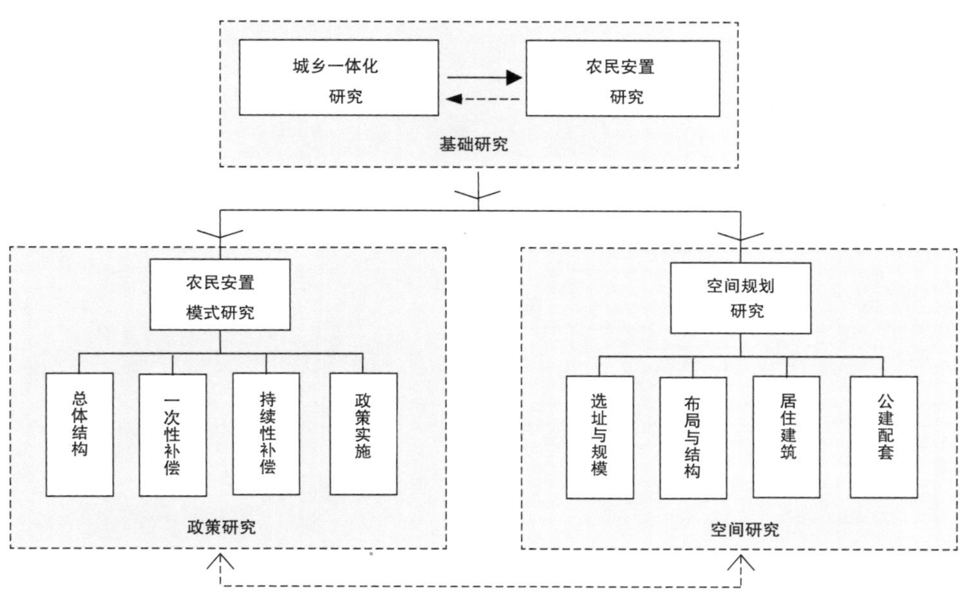

图 1-9 研究内容框架图

第2章　基础：城乡一体化和农民安置

“城乡一体化”和“农民安置”是本次研究的两个“关键词”，同时也是各自发展并有交叠的“两条主线”。因此，在进入对策研究之前有必要对其分别进行解读和研究，并且以苏州为特定的对象，重点研究二者的发展线索和相互关系，最终廓清在城乡一体化的背景下和进程中农民安置的意义、状况、问题和趋势，为下一步的研究提供方向和基础。

2.1 城乡一体化

2.1.1 苏州城乡一体化的概况

1. 发展历程

改革开放30多年来，苏州农村经济社会发展历经“三次历史性跨越”：①20世纪80年代，苏州坚持以解放思想为先导，以农村改革为契机，大力发展乡镇企业，加快了农村工业化进程，实现了“农转工”的历史性跨越，谱写了城乡协调发展的新篇章（图2-1）；②20世纪90年代，苏州以浦东开发开放为契机，大力发展开发区和开放型经济，加速了农村城镇化及经济国际化步伐，取得了“内转外”的开放性成效，提升了城乡协调发展水平（图2-2）；③进入21世纪，尤其是党的十六大以来，苏州以科学发展观统领经济社会发展全局，开展率先全面建设小康社会，率先基本实现现代化的探索和实践，按照城乡统筹发展的要求，整体推进新农村建设，推动了“量转质”的根本性提升。城乡统筹、城乡一体化发展业已成为苏州新的发展阶段的重要特征和主要任务之一。苏州市委、市政府适时出台了《苏州市建设社会主义新农村行动计划》、《苏州城乡一体化发展综合配套改革三年实施计划》和《关于深化农村改革促进城乡一体化发展的意见》等政策文件，先后制定了促进农民持续增收、富民强村、“三大合作”改革、农村基础设施建设、现代农业建设、农业保险和农业担保等诸多具体意见，初步构建了促进城乡统筹发展的政策制度框架，为全市加快城乡一体化发展提出了更加明确的目标和要求，使全市逐步形成了以城带乡、城乡联动，“三化”

图 2-1　乡镇企业的发展实现了“农转工”的第一次跨越

图 2-2　浦东开发的契机促进了“内转外”的第二次跨越

与“三农”互动并进的发展格局，城乡一体化发展取得了可喜成效，呈现出积极而富有成效的发展趋势。

2. 实施概况

2009年9月，苏州市委、市政府专门召开动员大会，提出要把城乡一体化发展综合配套改革作为深入落实科学发展观的战略举措，作为江苏省委、省政府交给苏州的重大政治任务，作为苏州实现发展新跨越的一次新的重大历史机遇。苏州各级各部门按照江苏省委、省政府提出的“只要是有利于破除城乡二元结构、促进城乡经济社会发展一体化的改革；有利于工业化、城市化和农业现代化协调推进的创新；有利于构建和谐社会的实践，都要鼓励支持、放手放开、先行先试”[1]的“三个有利于”要求，积极推进苏州地区的城乡一体化发展综合配套改革，实施以来工作进展情况良好，突出表现在以下几个方面：

1）农民富裕空间全面拓展

2009年以来，面对国际金融危机的严重影响，全市上下紧紧围绕“保增长、促发展”目标，加大对“三农”的投入，大力发展农村经济，通过“资源资产化、资产资本化、资本股份化”，新型集体经济实力不断发展壮大，在全国率先完成农村集体资产确权发证工作。2009年，全市农村集体资产总额达787亿元，村均收入389万元，84.5%的村超过100万元，79个村超过1000万元。[2]针对金融危机造成农民在物业、劳务方面欠收的实际情况，各地充分发挥合作经济对促进农民增收的调节器作用，加大了股份分红力度，保障了农民收入持续增长，截至2008年底，全市2512家合作经济组织收益分配达24亿元。[3]2009年苏州全市农民人均纯收入达12987元，连续七年实现两位数增长。[4]

2）新农村建设成效不断显现

按照现代社区型、集中居住型、整治改造型、生态环保型、古村保护型等五种模式[5]，加快推进新型村庄建设，全市新建农民集中居住点848个，累计建立358个市级示范村，19个省级示范村。新建扩建集行政办公、商贸服务等“八大功能”为一体的社区服务中心800多家，涌现出了一大批功能布局优、配套设施全的农民居住社区。同时，现代农业建设迈出新步伐，“四个百万亩”的

[1] 王芬兰. 重点突破“六个一体化”[N].苏州日报，2009-8-8.
[2] 陈建荣，宋建华. 农村新型合作经济组织的发展与转型[J].江苏农村经济，2011（3）。
[3] 何兵，卢立，董遵. 苏州城市化进程中如何保护和发展农村经济[EB/OL]. http：//www.szst.cn/toupiao/015.htm。
[4] 王晓宏，孟海龙，陆晓华等. 历史性的新跨越[N].苏州日报，2010-6-2。
[5] 苏州市城乡一体化发展综合配套改革试点工作领导小组办公室. 苏州城乡一体化发展综合配套改革政策问答[Z]，2009。

优势主导产业逐步形成，相继建成太仓现代农业示范区等14个万亩以上和64个千亩以上示范区，全市农业规模经营面积116万亩。建成150多个生态观光农业基地，乡村旅游人数超过1000万人次，直接经营收入达17亿元左右。[1]

3）城乡环境面貌显著改善

坚持“生态、景观、长效”的农村绿化功能定位，大力实施“八大绿化工程”建设，全面推进“四沿两点一区”绿化建设。2010年以来，全市各级投入农村绿化资金36亿元，新增林地绿地12.2万亩，陆地森林覆盖率达22%（不含水面）。建成了常熟昆承湖、高新区太湖湿地公园等一批生态绿地和绿色水廊示范段，环太湖、阳澄湖林带建设成效明显。积极营造“水资源、水环境、水安全、水文化”四位一体的新格局，农村垃圾无害化处理体系进一步健全，农村再生资源回收体系建设全面启动。

4）公共服务水平明显提升

统筹推进城乡道路、水利、电力、电信等基础设施建设，促进城乡基础设施共建共享，着力改善农村生产生活条件。加快推进农保向城保并轨步伐，农村劳动力参加基本养老保险175万人，其中参加城保已达118万人[2]，老年农民社会养老补贴覆盖率达99.5%[3]。积极推行新型农村合作医疗保险制度向居民医疗保险制度过渡，农村基本医疗保险参保率达97%[4]，人均基金314元，昆山、吴中、园区、高新区等市（区）基本实现了农民持医保卡就诊看病[5]。

5）体制机制创新步伐加快

坚持把体制机制创新作为综合配套改革的动力源泉，先后出台了城乡一体化发展综合配套改革“试点方案”、“就业和社会保障实施意见”、“三年实施计划”等一系列政策文件，初步形成了城乡一体化发展政策制度框架。农村宅基地置换城镇商品房的改革措施已经市委常委会讨论通过，户籍制度改革、农业生态补偿等方面的政策意见也在抓紧制定中。农村金融体制改革取得新进展，全市政策性农业保险领域和规模继续扩大，累计投保农户210万多户次，承保风险40亿元。农业担保带动效应不断扩大，累计担保金额已

[1] 沈建华，朱启松. 城乡一体化发展的苏州方略——访江苏省苏州市委副书记徐建明[J]. 江苏农村经济，2009（08）。

[2] 关于苏州城乡一体化的考察报告2010年[EB/OL]. http：//wenku.baidu.com/link?url=l0JCsBdz888TYXolETusBdmmEirpo0Za3zFwLI59tbYkIokoPEDUi5xNsVD2w8K5s1WjRtgvBdQPIiA_111dxeBRTCRAIK9RAktKhDwY6Sy。

[3] 郭奔胜，陈刚. 苏州创新体制推动城乡一体化显成效[EB/OL]. 2010-10-22. http://www.js.xinhuanet.com/xin_wen_zhong_xin/2010-10/22/content_21208634.htm。

[4] 详见2010年苏州市政府工作报告[EB/OL].2010-10-22. http：//www.js.xinhuanet.com/xin_wen_zhong_xin/2010-10/22/content_21208634.htm。

[5] 江苏省苏州市推进城乡一体化建设取得显著成效[EB/OL]. 2009-12-11. http：//district.ce.cn/zg/200912/11/t20091211_ 20600821.shtml。

达35亿元。农村小额贷款公司试点取得新突破，17家试点方案获得批准，其中13家已正式挂牌营业。

6）工作推进力度持续加大

各级各部门坚持把推进城乡一体化发展作为一项全局性工作，成立了以党政主要领导任组长的领导小组和工作班子，形成了城乡联动、整体推进的领导体制和工作机制，构建了市四套班子全体领导、市级机关各部门与先导区、示范村的挂钩联系制度。各市（区）都建立了集中办公制度，从规划、建设、农办等相关部门抽调骨干力量集中办公，强化对改革试点工作的政策指导、综合协调和督促检查。坚持重点突破与整体推进相结合，确立了昆山花桥、吴中木渎等23个综合配套改革试点工作先导区，为推进面上改革积累经验。各市（区）和先导区普遍编制了城乡一体化规划，做到规划先行，整体推进。举办了23个先导区领导干部培训班，邀请有关领导、专家讲课，启发了大家的思路。领导小组多次深入先导区现场办公，帮助基层明确思路定位，解决推进过程中的实际问题。

2.1.2 苏州城乡一体化的举措

为更好地推进苏州城乡一体化发展综合配套改革试点工作，苏州市委、市政府颁布了《关于深化农村改革促进城乡一体化发展的意见》和《苏州城乡一体化发展综合配套改革三年实施计划》，苏州市城乡一体化发展综合配套改革试点工作领导小组办公室编制了《城乡一体化政策问答》，对苏州城乡一体化发展综合配套改革的发展目标、基本措施、实施计划、政策重点分别作出如下规定与解读：

1. 发展目标——七个一体化

1）总体目标

推进城乡一体化发展综合配套改革，既是一项紧迫的现实任务，也是实现率先发展、科学发展与和谐发展的战略选择，必须坚持当前工作与长远目标统筹兼顾。通过一段时间的努力，使苏州农村既保持鱼米之乡优美的田园风光，又呈现先进和谐的现代文明，逐步建设成为基础设施配套完善，功能区域分明，产业特色鲜明，生态环境优美，经济持续发展，农民生活富裕，农村社会文明，组织坚强有力、镇村管理民主的苏州特色社会主义新农村，基本形成城乡发展规划、资源配置、产业布局、基础设施、公共服务、就业社保和社会管理一体化的新格局。

2）具体目标——七个一体化

城乡一体化发展综合配套改革的具体目标就是要实现“七个一体化”：发展规划一体化、资源配置一体化、产业布局一体化、基础设施一体化、公共服务一体化、就业社保一体化和社会管理一体化。

2. 基本措施——四个平台

推进城乡一体化发展综合配套改革的基本措施就是建立先导区，先行先试，积累经验，典型示范。要尽快搭建“四个平台”：①金融平台——解决城乡一体化建设中的资金短缺、融资困难问题；②运作平台——解决城乡一体化建设中的市场运作主体问题；③组织平台——解决农民参与一体化建设的组织形式问题；④政策平台——解决推进城乡一体化发展中的政策引导和制度保障问题。

3. 实施计划——三年计划

为认真落实省委、省政府关于苏州开展城乡一体化发展综合配套改革试点的决策部署，如期完成“一年一个样，三年像个样”的目标任务，市委、市政府制定了《苏州城乡一体化发展综合配套改革三年实施计划》，确定了2009～2011年城乡一体化发展综合配套改革的基本原则和总体目标、主要任务和责任部门以及保障措施。明确提出2009年为“重点突破年”，2010年为“整体推进年”，2011年为“全面提升年”；同时明确了劳动就业制度、社会保障制度、户籍制度、土地管理制度、财税金融体制、规划管理、基础设施建设、公共服务、农业支持保护体系、城乡管理体制等十大方面的改革内容、分年目标任务及牵头落实的负责部门，并规定了推进改革的保障措施。

4. 政策重点——三形态、三集中、三置换、三大保障、三大合作

1）“三形态”

“三形态”是指镇村发展的三种形态，即：地处工业和城镇规划区的行政村，以现代服务业为主要发展方向，加快融入城市化；工业基础较好，经济实力较强，人口规模较大的行政村，以新型工业化为主要发展方向，加快就地城镇化；地处农业规划区、保护区的行政村，以现代农业为主要发展方向，加快农业农村现代化。

2）“三集中”

“三集中”是通过资源整合，实行节约用地、集约用地的重大措施。即：一是工业企业向规划区集中，分别进行“退二进三”、腾笼换鸟或“退二还一”、异地置换；二是农业用地向规模经营集中，鼓励农户间规范流转，组建土地股份合作社，发展规模现代农业；三是农户向新型社区集中居住，换房进城进镇，或就地集中居住。

3）“三置换”

“三置换”是在工业化、城市化进程中保护农民利益，并使广大农民分享工业化、城市化成果的重大措施。具体来说，就是依照相关法律和政策，经过一定的合法程序和市场化运作，由农民自愿将自己在农村集体经济组织内拥有的三大经济权益，进行实物置换或价值化、股份化置换。一是将集体资

产所有权、分配权置换成社区股份合作社股权；二是将土地承包权、经营权置换成土地股份合作社股权或以预征地方式置换基本社会保障；三是将宅基地使用权及住房所有权参照拆迁或预拆迁办法置换城镇住房，或进行货币化置换，或置换二、三产业用房，或置换置业股份合作社股权；以剥离附加在户籍上的种种制约和经济利益，让广大农民换股进城、换保进城、换房进城，通过减少农民、整合资源，为工业化、城市化发展提供空间。

4）"三大保障"

"三大保障"是使农民在养老保险、医保和低保这三方面享有和城市居民相同的待遇。城乡一体化以前城市居民享有的是"城保"，农民享有的是"农保"，两个体系不同，标准不一，互相不流通，农民的社会保障比城里差。"三大保障"的作用是推动城乡居民的养老保险、医保和低保逐步实现并轨，从社会保障制度上破除城乡"二元壁垒"。

5）"三大合作"

"三大合作"指在农村集体资产、农村承包土地、农村生产经营等方面，通过合作或股份合作的形式进行改革，发展新型合作经济组织，促进富民强村的一系列政策措施的统称，其改革成果主要包括社区股份合作社、土地股份合作社和农民专业合作社三种基本类型。进入新世纪以来，苏州市把深化农村"三大合作"改革作为调整生产关系，促进生产力发展的重要手段，作为富民、强村和发展现代农业的有效途径，作为优化农村资源要素配置，加快农村"三个集中"进程的关键举措，农村"三大合作"改革得到全面推进，改革得到不断深化。

2.1.3 城乡一体化过程中的农民安置——环环相扣的关键

从苏州城乡一体化的发展历程可以发现，从"农转工"到"内转外"再到"量转质"，虽然每个阶段的发展主题不同，但都不可回避"农民安置"这样一个共同问题，也相应产生了"进厂不进城"、"离土又离乡"、"居住进社区"等富有时代烙印的农民安置创新举措，为城乡一体化的改革发展打下了良好的工作基础，提供了丰富的经验借鉴。

而从现行的苏州城乡一体化改革发展的具体举措来看，"农民安置"问题更是上升到一个前所未有的高度。正如前文所述，城乡一体化涉及农民"生活方式和居住空间的双重转变"，虽然说农民安置工作不是"双重转变"的全部，但是却贯穿"双重转变"的始终，与城乡一体化改革发展环环相扣：

1. 起步的抓手

"苏州城乡发展一体化制度创新的逻

辑起点，是从解决农民与土地的关系开始的。”——几千年来，中国农民被死死“绑”在土地上，城乡分割的二元户籍管理又把这种“捆绑”变成了一种坚硬的制度安排。[1]而苏州破解这个“千年死结”，转动“土地魔方”的重要方法就是将农民从土地中解放出来，其起步实施的抓手就是农民居住空间的转移。在居住空间转移的过程中，利用“城乡建设用地增减挂钩”政策，释放土地潜能，“将空间留给城市，把利益让给农民”；同时通过换股、换保、换房的“三置换”给进城农民提供保障。由此可见，除了架构组织、组建平台、制定政策之外，农民安置是城乡一体化起步阶段的关键抓手。

2. 深化的重点

“农民失地不可怕，可怕的是失地后失去收入来源”——随着城乡一体化的全面提升和纵深发展，农民安置作为深化的重点，仍然任重道远。首先是“任重”，“十二五”期间将有60%以上的农民要实现集中居住，2万多个自然村将变成2000多个农村居民点，这也被喻为“苏州历史上最大规模的整体搬迁”；其次是“道远”，农民安置不是简单的完成居住空间的转移，更要妥善处理生活方式的转化。特别是对于后者，由于土地是农民的生活依靠和财富来源，也是最后一道生活保障，如何在“离土”、“离乡”的同时让农民能够“落脚”、“落户”，不仅是农民安置需要思考和解决的问题，更事关城乡一体化全面提升的绩效与成败。

3. 追求的目标

“城乡一体化和谐发展的核心是利益分配的和谐”——虽然城乡一体化是一项涉及很多领域和部门的系统综合工作，但是农民安置贯穿始终，不仅是起步的抓手，深化的重点，更是追求的目标。无论是居住水平、公共服务、基础设施等物质空间目标，还是富民增收、社会保障、文化心理等社会发展目标，城乡一体化发展都应该，也需要通过农民安置和农民安置区建设作为载体和窗口来体现与展示。如何在农民安置的过程中实现空间科学布局，生活和谐转变，利益合理分配，共享发展成果不仅是农民安置工作的基本导向和最终目标，还是城乡一体化和谐发展的典型缩影与具体表现，更是城乡一体化其他工作的共同诉求。只有妥善安置农民，科学合理完成居住空间的转移和生活方式的转换，才能让千家万户安置农民“安居乐业”，从而促成城乡一体协调发展的“千秋伟业”。

---

[1] 姜圣瑜，庾康，高坡等. 转动“土地魔方”，农民进城脚步更轻盈[N].新华日报，2010-6-2。

2.2 农民安置

2.2.1 苏州农民安置的历程

1. 第一阶段：自上而下——城市化扩张背景下的农民安置

苏州的农民安置并不是城乡一体化后才突然出现的新兴事物，最早的安置是在“快速城市化”背景下，由于城市扩张而产生的。这个阶段的安置从规模上来看较小，从安置模式上来看主要采取“谁开发，谁安置”的方式，从选址上来看基本位于当时城市的郊区（相当于现在的内环高架附近，如南环的解放新村、东环的苏安新村等），从空间形态上来看多为兵营式的多层小区，从名称上来看多冠以与农村居住形态既有区别又有联系的“新村”二字……这种“自上而下”的农民安置构成了苏州第一代的动迁小区（图2–3）。随着城市的进一步发展和扩张，这些老“新村”逐渐沦为“城市洼地”，甚至是新一代的“城中村”，亟需通过综合整治延长房屋寿命，完善配套设施，畅通小区交通，净化美化环境，方便居民生活。

2. 第二阶段：自下而上——“三集中”背景下的农民安置

相比较第一阶段小规模、渐进式，由快

图2–3 苏州第一阶段农民安置示例

速城市化“自上而下”推动的农民安置，苏州第二阶段的农民安置虽然是“自下而上”进行的，但是规模大、时间短、范围广，这就是以“三集中”为导向的“农民集中居住”实践。

虽然苏州的农民集中建房行为最早可以追溯到20世纪90年代初，但“农民集中居住”却是从21世纪初开始的。大约在2001年前后，出现了一些小规模的“农民集中居住”试验，主要集中在苏州部分经济基础好，农民生活较为富裕的乡镇。当地基层政府进行了两类实践，一是将一些人口较少的自然村撤并集中到人口大村居住，二是集中建设类似城市住区的公寓型农民小区。这样不仅有利于基础设施的建设，改善农民居住环境，也有利于农村投资效率的提高，促进农民生活水平的提高。当时被称为“居住向社区集中”。

2003年7月，江苏省委召开十届五次会议，赋予苏南地区“两个率先”重任——率先全面建成小康社会，率先基本实现现代化。苏南地区的城市化进程不断加速，城市建设用地的扩张需求与日俱增，工业用地倍显紧张。如此情势下，江阴市新桥镇推行的“农村三集中”被发掘为城乡集约用地的典型。其中,“农民集中居住”是最重要的组成部分。在这波基层实践中，农民集中居住后，原有的村庄宅基地、空闲地等属于集体建设用地，不需经过审批就可直接用于工业建设，解决了“用地饥渴”的基层政府的“燃眉之急”。这类基层的自发实践被认为是“统筹城乡规划”的先进举措，全省各地纷纷效仿。苏州也不例外，在基层开展了广泛的实践，最具代表性的就是常熟的“52号工程”：2004年常熟计划用12年左右时间，建设52个农村居民集中居住区。在建设中严格控制户均占地和居住建设用地指标，一般每个居住区可入住3000～3500户，居住人口1万以上，建筑面积60万～70万m^2，80%左右为两联体房，其余为多层公寓。建筑设计方面，联体房每户约250m^2，户型为2层加阁楼或3层加阁楼的形式，每家每户均有一个汽车库；还有欧式别墅和传统民居的多种风格式样，可供选择。建设方式方面，主要分为三种，由农户自主选择：一是统建分购式，由镇政府统一建设，农户按建设成本价购买；二是统管代建式，由农户出资，镇政府统一建设，并在建成后向农户公示造价；三是统管自建式，一方面农户按照规定自己设计建造，另一方面镇政府负责施工管理。现在看来，当时“52号工程”的规划理念、技术指标、建设方式都给周边地区的农民集中居住区建设带来了深远的影响。

2005年10月后，中共中央提出“建设社会主义新农村”。“农村三集中”也顺势成为“新农村建设”的典范，特别对应于“社会主义新农村”建设十六字方针中的“村容整洁”

要求。2005年11月，江苏省召开全省建设工作会议，提出把“农民居住集中”作为村庄建设的“重要导向”，并要求“积极稳步推进农村三集中”。自2005年以来，经过各个层级镇村布局规划的调整，苏州2万多个自然村被规划为2000多个农民集中居民点。在这个过程中，也涌现出不同类型的农民集中居住区，从空间形态来看，既有低层立地式，又有多层公寓式，还有中高层和高层等形式；从建设方式来看，既有统拆统建型又有统建分购型（图2-4）。

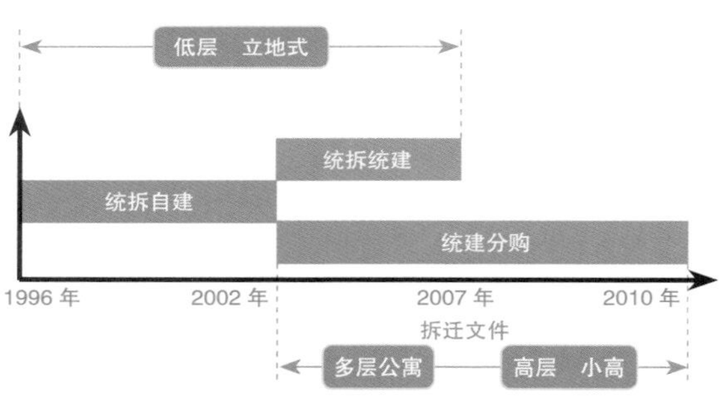

图 2-4　苏州市吴中区农民安置的发展演变

3. 第三阶段：双管齐下——城乡一体化背景下的农民安置

2008年9月苏州市被江苏省委、省政府批准为省城乡一体化发展综合配套改革试点区，率先进行实践探索以来，农民安置工作在城乡一体化的大背景下，体现出双管齐下的特征。一方面，以镇为单位的先导区得益于“把空间让给城市”的理念和“城乡建设用地增减挂钩”的政策，“自上而下”推动镇区周边农民向镇区集中居住。另一方面，镇域中已经过一轮撤村并居的居民点进一步加大集聚力度，“自下而上”向镇区集中，有的镇甚至出现居民全部集中在镇区居住，如昆山千灯镇；有的镇则是打破行政村界限，实现“全域城市化”安置农民，如园区唯亭镇。

本阶段农民安置的另一个特点是政策先行与体制创新，如：“三集中”、“三置换”和“三大合作”等不仅是苏州城乡一体化发展的经验，更是农民安置的基础，其中，“三集中”在安置前确定方向，“三置换”在安置中保证操作，“三大合作”在安置后提供保障。由于城乡一体化发展改革实践刚刚推行两年多，因为建设周期等原因，大量的农民集中安置区尚未完全建成。但从规划上来看，苏州视城市和农村为整体，未来将按照现代社区型、集中居住型、整治改造型、生态环保型、古村保护型等五种模式，分类指导新村和农村社区建设，努力展示吴文化、水文化的传统风貌和深厚底蕴。目前，全市63个乡镇2517个农村集中居住点已全部完成了规划编制工作，23个先导区也通过《城乡一体化发展综合配套改革镇村布局规划》对新安置居住用地予以定位、定量，并制定行动计划。

2.2.2　苏州农民安置的问题

纵观苏州的农民安置发展历程，虽然整

体上取得了良好的成效，既满足了动迁安置需要又助力了城市发展需求，在国内居于领先地位。但是从城乡一体化发展的更高要求考量，仍然存在一定的问题，既包括“快速城市化”背景下已有的经济补偿较低，空间规划单调等“老”问题，也包括“城乡一体化”背景下面临的造血功能缺乏，城市融入困难等“新”困境。

如前文所述，城乡一体化过程中农民安置的本质可以概括为“居住空间的转移和生活方式的转换”。在农民安置的过程中，“双重转变”贯穿始终（图2–5），既是衡量农民安置成败的关键，又可作为分析现状问题的框架线索。

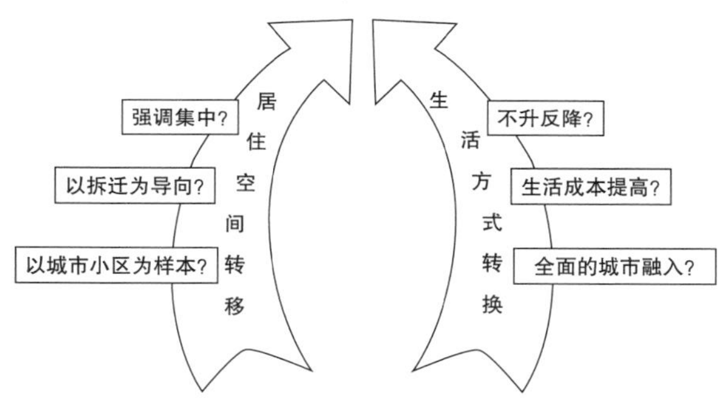

图 2–5 “双重转变”中面临的问题

1. 居住空间转移层面

苏州的农民安置从居住空间转移层面来看，主要采取的是农村分散居住转移成居民点集中居住的方式。在这个空间转移的过程中，三大问题值得探讨：

首先是科学性的问题。从2001年小规模“农村集中居住实验”到2004年“52号工程”，从“社会主义新农村建设”到“城乡一体化发展”，苏州的农民安置基本上采取的都是“集中居住”的模式，而且集中的力度和范围越来越大，从最近的几个先导区镇村布局规划来看，除了特色村庄外，镇区以外不再考虑规划农村居民点。这样短时间、大规模的单一模式固然可以解决时间紧、任务重的安置问题，但从长远来看，能否采取适度集中而不是完全集中，渐进集中而不是突变集中，分片集中而不是整体集中，这是需要而且应该思考的问题。其次是针对性的问题。从既有的农民集中安置区规划建设来看，基本上以安置为导向，以城市小区为蓝本，但是缺少针对性，缺少针对安置农民家庭结构、使用需求、生活习惯等方面的考虑，表现出物质空间的利用率和满意度均较低的情况。最后是创新性的问题。从居住空间转移的操作上来看，基本上都是通过“以房换房”实现的，操作方式较为单一，缺乏体制创新。这就导致了农民集中安置区居民过分同质，使本来就弱势的安置农民社会资本更低，不利于其市民化和融入城市。

2. 生活方式转换层面

苏州的农民安置从生活方式转换层面来看，整体较全国其他地区进行了更多创新和尝试，也取得了良好成效，但以下两方面仍需要完善：

首先是生活方式转换后要提高农民生活水平，而不是“不升反降”。这就要求补偿性收入、财产性收入和就业性收入的总和要持续高于生活方式转换带来的生活支出。但是在既有的安置过程中，补偿性收入标准普遍偏低，就业性收入基本缺失，虽然财产性收入有一定程度的增长，但是相较安置后日益增加的生活成本支出，收支结余难以预料。其次是在持续生活的同时全面推进城市融入，变农民为市民。这一点在既有的安置中尤为薄弱，集中安置区的建成不是安置工作的结束，是安置工作的开始，而且是更高层次安置工作的开始。

2.2.3 农民安置中的城乡一体化新政——渐进解困的契机

对于上述两个层面的问题，苏州城乡一体化发展改革新政为农民安置提供了渐进解困的契机，对于农民安置工作具有重大意义。

1. 全面推进，提供政策

随着城乡一体化发展改革实践的推进，农民集中居住度将进一步提高，“十二五”期间将有60%的农民进入居民点集中居住。这无疑给农民安置带来良好的发展机遇，即：首次把农民安置放在城乡一体的背景下考虑，双管齐下而不是单打独斗，因此有更多的空间和资源可供协调支配。如：在居住空间转移上，可以打破城乡界限或行政村界限进行集聚；在生活方式转换上，可以通过“把空间让给城市，把利益留给农民”增加持续安置的补偿收入和财产性收入。

2. 纵深发展，提供保障

除了面上推进，提供政策之外，城乡一体化在纵深发展中还可以为农民安置提供多方面保障。首先是通过城乡一体化在社会保障体系方面基本建立起医疗保险、就学保障、创业扶持、就业帮扶、基本养老保险、最低生活保障等贯穿农民一生各个环节的农村社会保障体系，使安置农民都能老有所养，少有所学，病有所医，困有所助，就业有帮助，失业有保障，创业有扶持，种田有保险；其次是通过城乡一体化积极推进“三大合作”，努力实现富民强村目标，使安置农民走上一条“家家有资本，户户成股东，村村有物业，年年有分红”的新共同富裕之路；最后是通过城乡一体化全面完善农民就业服务体系，积极实施就业培训，统一城乡就业登记制度和劳动力市场，取消对农村劳动力进城就业的各种限制性规定，为促进农民稳定就业创造良好条件。

第3章 政策：农民安置模式研究

在第2章梳理了苏州城乡一体化和农民安置各自发展历程及相互关系的基础上，本书在下面章节将重点开展农民安置模式和安置区空间规划两条主线的研究。之所以要特别在安置区空间规划研究之前进行农民安置模式的研究，主要是缘于安置模式与安置区规划息息相关，具体表现在以下两点：

首先是充分性，安置模式中的货币安置、住宅安置、社保安置等方式分别贯穿于农民安置区规划建设前、建设中与建设后。其中，住宅安置标准影响到安置区总建筑面积、用地规模的确定；社保安置中物业开发、租金收入等农民增收途径与安置区规划选址、规划结构、建筑设计等直接相关。由此可见，安置模式研究是后续空间规划研究的基础，既为空间规划研究提供创新视角，其研究结论又需要在空间规划中得到支撑和落实。

其次是必要性，在本次研究中利用SPSS软件对问卷数据进行相关性分析发现："农民生活满意度"在99%置信度上与"获得的安置新房总面积"正相关，农民对"安置区物质空间满意度"在99%置信度上与"获得的安置新房总面积"、"获得的安置新房套数"正相关（表3-1）。由此可见，安置模式直接影响到农民安置后的生活质量，进而影响到农民对安置区物质空间的心理感受与主观评价。要提高农民对安置区物质空间的满意度，仅仅靠空间规划是不够的，还应对安置模式进行研究，并将研究成果通过空间规划落实。

3.1 苏州农民安置模式基本概况

3.1.1 我国现行的安置模式

目前我国安置模式种类繁多，划分标准不一。课题组按安置模式的影响时限将其划分为一次性安置与持续性安置（图3-1）。一次性安置包含货币安置与住宅安置；持续性安置主要包括社保安置、就业安置、入股安置、留地安置与集中开发安置等多种形式。

基于国家相关法律规定和操作便利性方面的考虑，货币安置和住宅安置是目前全国范围内比较普遍的一次性安置模式。在持续性安置中，社保安置的做法各地各不相同，

安置模式与空间环境、生活满意度相关性分析 表 3-1

		安置区物质空间满意度	获得的安置新房总面积	获得的安置新房套数	生活满意度
安置区物质空间满意度	Pearson Correlation	1	**.364**（**）	**.365**（**）	.060
	Sig.（2-tailed）	.	.002	.002	.623
	N	72	72	72	69
获得的安置新房总面积	Pearson Correlation	**.364**（**）	1	.933（**）	**.315**（**）
	Sig.（2-tailed）	.002	.	.000	.008
	N	72	72	72	69
获得的安置新房套数	Pearson Correlation	**.365**（**）	.933（**）	1	.296（*）
	Sig.（2-tailed）	.002	.000	.	.014
	N	72	72	72	69
生活满意度	Pearson Correlation	.060	**.315**（**）	.296（**）	1
	Sig.（2-tailed）	.623	.008	.014	.
	N	69	69	69	69

** Correlation is significant at the 0.01 level（2-tailed）.
* Correlation is significant at the 0.05 level（2-tailed）.

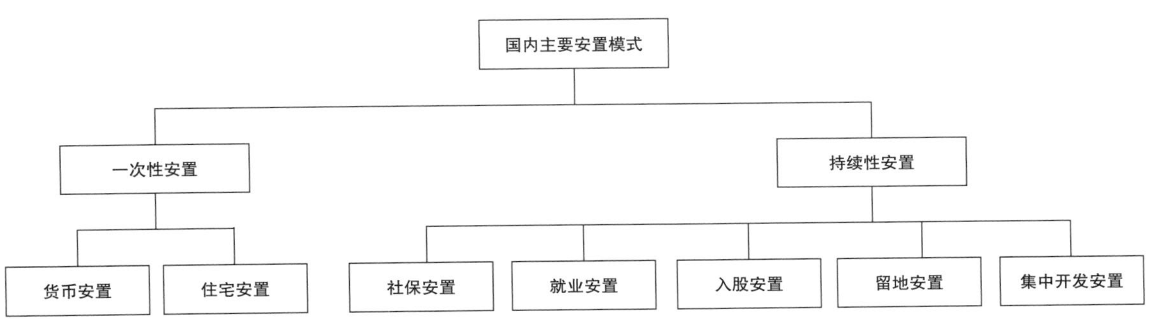

图 3-1 国内现行主要安置模式结构

如上海浦东新区由土地保障向社会保障转变模式，浙江杭州为失地农民再造可持续生计模式，重庆地区的“双交换”模式，嘉兴“两分两换”模式，江苏省失地农民失地不失业不失财的模式；就业安置由招工安置引申而来，主要应用于经济发达、需要大量就业岗位的地区；入股安置，沿海经济发达地区多采用这种方式，比较典型的是广东南海土地股份制；留地安置模式与集中开发安置模式目前在国内应用相对较少，这两种依靠农民自身或农民集体组织开发经营的模式，都具有为失地农民带来长期收益或就业岗位的优点，但同时存在较大的风险，并且容易产生“城中村”现象。

3.1.2 苏州农民安置模式

1. 安置模式类型

针对城乡一体化发展改革的大背景，苏州从本市实际出发，借鉴国内外成功经验，寻求农民安置模式的体制创新，逐步形成了一套行之有效的做法。参照前文划分标准，目前苏州一次性安置包括货币安置、住宅安置。货币安置主要针对农民耕地，以货币形式发放青苗费与部分土地补偿费。住宅安置主要针对农民的宅基地与农村住宅，可置换城市住房。而在持续性安置方面，主要采取土地换社保安置、入股安置与物业开发安置。其中，物业开发安置是苏州地区一种较为独特并且具有创新的安置模式，该安置模式主要吸取并综合了国内其他地区留地安置模式与集中开发安置模式的部分特征，并赋予苏州地方特色而创新形成的一种特殊安置模式。具体形式是建立诸如富民合作社的载体来参与城市功能配套的物业开发，以解决农民持续性的收益问题。此外，2008年11月苏州市委、市政府发布的《中共苏州市委、苏州市人民政府关于城乡一体化发展综合配套改革的若干意见》还提出“继续实行留用地政策，探索建立宅基地置换机制和土地资源增值收益共享机制”。但实际操作中，由于土地指标有限，该机制并未落实。通过文献研究和调研访谈，课题组系统梳理了苏州各种安置模式的内容，比较其优缺点（表3-2），形成以下观点：

（1）总体看来，每种安置方式均有其自身无法克服的不足，多种方式组合起来有利于扬长避短，提升农民安置的整体效果。

（2）一次性安置可以在短期内为农民带来直接的收益；而持续性安置则对农民长远生活保障更有利。相较而言，前者的关键是科学制定标准，后者的重点是加强体制创新。

（3）虽然苏州城乡一体化过程中农民安置模式的具体政策与实施条件有所创新，如农民安置的住宅有明确产权，可上市交易，不同于有些地方的“宅基地换房”政策；土地换来的社会保障普遍推行“城保并轨”等。

但根本上说，与国内现行主要安置模式相比并未见结构性突破，政策创新仍有空间。

2. 安置政策内容

根据苏州市城乡一体化发展综合配套改革试点工作领导小组办公室编制的《城乡一体化政策问答》等相关政策文件，苏州各种安置模式政策内容如下，优缺点分析见表3–2。

1）一次性安置

货币安置政策：是指将被征用土地或被

苏州农民安置主要模式一览表　　表3–2

	安置方式	安置内容	优点	缺点
一次性安置	货币安置	将青苗费（有时包括部分征地补偿费）以货币的形式一次性发放给被征地农民，让其自谋出路	操作简单，见效快	从长远看，农民一旦有限的补偿费用完后，缺乏新的经济来源，可能立刻陷入困境，造成大量失地农民贫困现象，产生较大的社会问题
	住宅安置	让被征地农民由“地主”变成“业主”，不仅满足自身居住，同时房产收入替代了原来的土地收益	有利于统筹城乡土地资源，拓展城市建设用地；从房屋出租中获得财产性收入，有利于农民资本积累；有利于高水平规划建设新型农民社区，以确保城乡一体化发展的高起点	由于房屋定价、农民身份的转续等问题导致农民权益很难受到切实保护；农民过分集中居住，不利于农民向城市流动
持续性安置	土地换社保安置	农民将自己所有的土地使用权一次性流转给政府委托的土地置换机构，土地置换机构将根据土地管理部门规定的失地农民安置费等费用，再由政府部门制定出政府、开发单位和失地农民都可以接受的、合理的社会保障标准，为符合条件的农户现有家庭成员统一办理各项社会保障	促进了土地流转解除失地农民的后顾之忧；促进农村社会保障体系的建设，与城保并轨后解决了农民向市民的过渡问题；有利于解决土地征用中的社会问题，有助于保持社会稳定	操作复杂，执行困难；资金需求大，来源需政府大力支持；缺乏国家法律支撑，社保是政府行为，与土地没有直接关系，需要政策创新
	入股安置	通过集中农民手中分散的集体土地承包权和集体资产所有权，分别置换成土地股份合作社股权和社区股份合作社股权，以股份分红的方式获取利益	土地入股促进了土地规模化经营，集体资产股份合作社实现了由集体农业用地向非农用地的转变，使农民能够分享城乡一体化土地增值所带来的收益	分红收入占总收入比例不高，难以解决失地农民现实的生活困难
	物业开发	主要指被征地农民利用有限的土地补偿款和部分被征土地使用权参与城市功能配套的物业开发，通过分红从中得到长久的持续收益	这种经营方式使农民在失地后并不失收，达到政府和失地农民双赢的局面，是确保被征地农民长效收入的一种有益尝试	存在经营问题，如果经营不当，收入预期不能保证。同时分红与投资成正比，可能扩大农民群体的群内收入差异，引发新的社会矛盾

资料来源：课题组在文献整理、实地调研的基础上进行总结，部分内容来源于：刘海云.城市化进程中失地农民问题研究[D].河北：河北农业大学，2006。

拆迁地面附着物按规定标准计算成货币并支付给被安置人的安置方式。通常按照征用土地、地面构筑物和其他附着物等类型，分别给予不同标准补偿，其计算方法与标准各区不同。2004年颁布的《苏州市市区征地补偿和被征地农民基本生活保障实施细则》规定："征用土地的土地补偿费标准，根据所征用土地的地类按耕地前3年平均年产值的相应倍数确定；耕地前3年平均年产值每亩不低于1800元。征用耕地的，按耕地前3年平均年产值的10倍计算。征用精养鱼塘的，按耕地前3年平均年产值的12倍计算……""16周岁以下的安置补助费标准为每人不低于6000元；16周岁以上的安置补助费标准为每人不低于20000元。""农作物或其他种养业因未成熟不能收获的，应对土地承包经营者或土地使用者按下列标准进行青苗补偿：一年生作物按耕地前3年平均年产值计补。一年两季作物以上的，按耕地前3年平均年产值的50%计补……"

住宅安置政策：这是拆迁安置中农民最关心的问题之一，也是本研究的重要调研内容。该政策在苏州称为"宅基地置换"政策，是城乡一体化中"三置换"的重要组成内容，包括：将宅基地使用权及住房所有权参照拆迁或预拆迁办法置换城镇住房，或进行货币化安置，或置换二三产业用房，或置换置业股份合作社股权等。一般而言，农民宅基地置换的方式和优先顺序如下：货币置换、以房换房（非保留村庄农户的住房置换到保留村庄的住房）、置换标准公寓房（城镇商品房或物业用房）、异地置换复式公寓房（联排别墅）。

2）持续性安置

土地换社保安置政策：根据征地办法将农民承包土地置换为社会保障，置换后的耕地统一由政府组织规模化经营。政府按照法律规定的程序和批准权限，将农村集体所有土地征收为国有土地后，除依法给予被征地农民和农村集体经济组织合理补偿以外，还通过安排土地出让金中列支的配套资金，建立被征地农民基本生活保障资金，专项用于被征地农民的基本生活保障。并且根据被征地农民年龄段和就业状况提供不同的社会保障措施。

入股安置政策：通过集中农民手中分散的集体土地承包权和集体资产所有权，分别置换为土地股份合作社股权和社区股份合作社股权，通过市场化的统一运作，每年获取收益按股份分配（或进行保底分红）。前者将承包土地置换成土地股份合作社股权，并将土地用于农业生产，开展农业适度规模经营的，政府每年应给予一定标准的补贴。后者是将村级集体资产通过组建股份合作社的形式全部量化给农民（集体经济组织成员），将原集体经济组织改建为产权明晰、利益共享、风险共担、民主管理的股份合作经济组织。按照苏州市的政策要求，还有一系列较为具体的政策保障措施，如：不再保留产权虚置的集体股，按农民贡献份额量化股份，全面“固化股权”（“生不增、死不减”），允许股权馈赠、转让等。

物业开发安置政策：被称为富民合作社、物业合作社，亦称作农民投资性物业合作社，是农民新型合作经济组织。其组织形式是以农民为主体，由农民自愿组织起来，集聚资金入股建社，按相关手续报建或购置标准厂房、集宿楼、服务业设施、农贸市场等进行物业出租，以及开展绿化保洁、物业管理等服务，所获收益按股分配。该安置方式已成为广大农民通过联合创业增加投资性、财产性收入的主要途径，促进农民持续增收长效机制的主要措施，以及苏州农村新型合作经济的重要组织形式和发展重点之一。

3. 政策实施情况

苏州城乡一体化的安置政策创新较多，但课题组在调研中发现，这些政策在各行政主体和部门具体实施过程中并未完全贯彻或者仍有待于进一步落实，不同类型的安置模式政策实施情况各有不同。

住宅安置是实施范围最广的安置模式（图3-2），实施方式单一但标准多样，情况最为复杂。调研中发现实际操作中苏州绝大部分宅基地置换为城镇住房，货币及二、三产业用房等其他置换形式较少。目前通过住宅安置形成农民集中安置区已是苏州农民安置的主流形式。在住宅安置的具体操作中分旧房补偿与新房安置两方面：

（1）在旧房补偿款的计算上，补偿金额主要由被拆迁房屋的建筑面积、房屋的新旧及装修程度决定，调研发现在吴中城区、木渎等地补偿金额还包括房屋区位价。问卷数据统计出吴中这些地区平均每户补偿价高达118万元，高新区数据显示平均每户补偿仅有18万元，不同的区域政策导致相似的农房补偿价格相差6.5倍。旧房补偿款每年有相应提

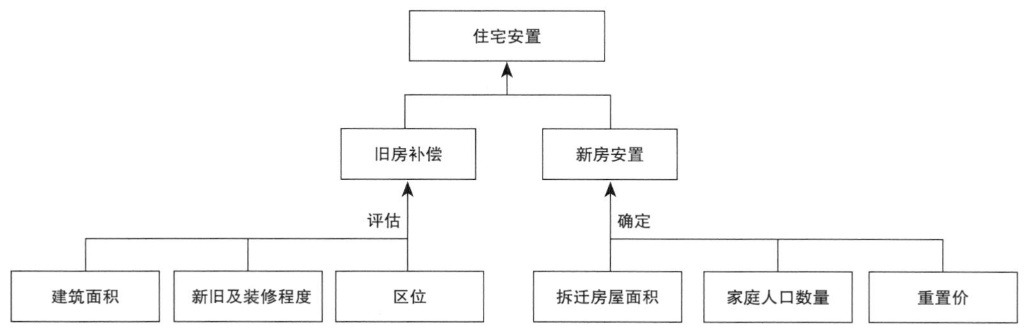

图3-2 住宅安置示意

通过现场调查和访谈发现苏州各区的住宅安置实施政策各不相同：高新区和园区的新房安置都是以人口数量为标准，高新区采取人均30m^2，每个安置家庭可增加30m^2，独生子女家庭再增加30m^2（在外求学的子女及出嫁的女儿不享有安置面积补偿）；园区采取人均40m^2（高层公寓），每个安置家庭可增加20m^2，独生子女家庭再增加40m^2，还可按市场价购买40m^2（在外求学的子女及出嫁的女儿可以享有安置面积补偿）。

此外，同一个地区的住宅安置政策也不相同。吴中区城区与木渎等地采用“高进高出”方式，即旧房补偿计算区位价，补偿费较高。相应的购买安置新房价钱也较高，与市场价差距较小，城区高层安置房价高达4000～5000元/m^2。而吴中开发区采用“低进低出”方式，旧房补偿不计区位价，新房安置面积价格仅690元/m^2。相城区有5种住宅安置标准，部分镇旧房补偿与新房购买差价可结余30万元，部分镇不仅补偿标准低而且控制新房面积上限为180m^2。

升，同一地区不同时期安置所获补偿金额也有所不等。

（2）在新房安置的标准方面，有两种不同的确定方式（表3-3）：一是以面积为标准，根据被拆迁房屋的主房建筑面积的大小来决定安置房面积的大小；二是以人口为标准，根据家庭人口数量，按每人某一面积标准进行分配，每个户头与独生子女另可照顾一定安置面积。与四区相关部门访谈后发现，园区、高新区均采用的是以人口数量为标准，吴中、相城区两种情况都有，但具体的安置标准各区各镇各村不同。综合看来，中心城区新房安置以人口数量为标准目前仍是主流。

苏州现行农民住宅安置方法一览表　　表3-3

	面积安置	人口安置
工业园区		√
高新区虎丘区		√
吴中区	√	√
相城区	√	√

货币安置和土地换社保安置也是普遍性的安置模式，在先导区已全面铺开，并有相对统一的政策标准指导实施。其中货币安置操作较为简单，实施起来速度较快。土地换社保实施力度较大，目前苏州农村劳动力参加基本养老保险覆盖率为98.5%，其中参加城镇职工养老保险的达55.3%，老年农民社会养老补贴覆盖率达99.5%。[1]但基本生活保障水平仍有待进一步提高。

[1] 郭奔胜，陈刚. 苏州创新体制推动城乡一体化显成效[EB/OL]. 2010-10-22. http：//www.js.xinhuanet.com/xin_wen_zhong_xin/2010-10/22/content_21208634.htm.

物业开发安置和入股安置并非各地均有的安置模式，相对特殊，各先导区相关标准、进程都不统一。物业开发安置涉及范围较小，主要集中于工业园区，实施情况相对简单。先导区中唯亭镇物业开发实施效果最好，城乡一体化过程中将原镇层面的富民合作社进一步推广到居委会层面，资金来源多元化，规划部门参与增多。目前每个居委会都设置富民合作社，空间载体分散到社区，规划结合社区中心设计商业设施，资金来源于政府、村集体、村民三方。政府保底分红率100%，实际分红112%，实施效果较好，是安置模式与规划设计结合的成功案例，值得推广。

入股安置则比较复杂，调研中了解到目前全市61%承包耕地实现适度规模经营，流转土地面积已达154万亩，土地入股实施进程较快。然而种田大户的土地流转价格与农民分红预期之间有差距，往往由政府补贴其中的差价，约400元/亩。集体资产入股基本都已量化到农民，但各地量化标准不一，部分村简单按成人、孩童两种类型量化，部分村按贡献率量化。分配形式也不同，有的村按实际赢利分红，有的村是收支分开，赢利是虚账，分红在街道层面平衡。"固化股权"目前尚未完全落实，暂时无法实现"生不增、死不减"的静态管理。

4. 政策评价结果

对于上述安置政策，有必要了解农民的满意度评价，以便进行针对性调整，完善城乡一体化过程中农民安置模式，提高政策绩效。

通过问卷统计发现（表3-4），农民对不同安置模式的政策评价结果不一。农民对社保的总体满意度最高，选择"满意"的比例为41%，"很满意"的为3.3%，可见持续性安置方式确实让农民受益匪浅，今后应在安置模式组合中增加持续性安置方式。一次性安置中货币安置与住宅安置的满意度表现不同，货币安置政策绝大部分人选择"很不满意"与"不满意"，共计98.1%，选择具有趋同性，访谈后发现这是由苏州各区耕地补偿标准相似且相对偏低造成的。而住宅安置政策满意度出现分化，尽管大多数人选择"不满意"，依然有15.1%选择"满意"，0.5%选择"很满意"，这是由各安置区的差别化政策造成的。对"住宅安置政策满意度"进一步相关性分析发现（表3-5），农民对住宅安置政策的满意度在99%置信度上与其获得的"安置新房总面积、老房的拆迁补偿"正相关，相关度较高，"安置新房总面积"相关系数略大。可见，要提高政策满意度，提高旧房补偿与新

苏州农民安置政策满意度抽样调查一览表　表 3-4

农民对政策满意度	很不满意	不满意	满意	很满意
货币安置政策	40.7%	57.4%	1.9%	
住宅安置政策	22.2%	62.2%	15.1%	0.5%
持续性社保政策	6.6%	49.2%	41%	3.3%

注："入股安置"与"物业开发安置"并非普遍具有的安置方式，为保证数据的统一比较基准，未进入该表计算。

住宅安置政策与满意度相关性分析 表 3–5

		住宅安置政策满意度	老房子拆迁时的赔偿	获得的安置新房总面积
住宅安置政策满意度	Pearson Correlation	1	**.325**（**）	**.337**（**）
	Sig.（2–tailed）	.	.009	.004
	N	72	63	72
老房子拆迁时的赔偿	Pearson Correlation	**.325**（**）	1	**.427**（**）
	Sig.（2–tailed）	.009	.	.000
	N	63	63	63
获得的安置新房总面积	Pearson Correlation	**.337**（**）	**.427**（**）	1
	Sig.（2–tailed）	.004	.000	.
	N	72	63	72

房安置面积均有效，提高新房置换标准效果将更为理想。

3.2 苏州农民安置模式的问题分析

苏州农民安置模式虽然较全国其他地区相对更加完善而且有创新，但从城乡一体化发展的更高要求来看，仍有改善提高的空间，具体表现在总体结构、一次性安置、持续性安置和保障机制四个层面。

3.2.1 总体结构层面——模式单一

从苏州农民安置的历史进程来看，其安置模式虽然不断丰富，但总体结构层面上，模式仍然比较单一，体现在以下两方面：

（1）一次性安置占绝对主导地位。从政府角度，一次性安置操作起来简单易行，便于解决短时间内大规模安置问题。农民往往从眼前利益出发，也比较容易接受。但一次性安置毕竟属于短期安置，是一种基本生活指向性安排，农民生活得不到长期保障。从长远看，由于安置农民文化素质普遍不高，缺少城市就业技能或正当谋生手段，属于社会弱势群体，一旦政府给予的有限补偿费用花完，就有可能因缺少生活经济来源而陷入生存困境，甚至成为“三无”人员与社会不安定因素，引发社会问题。因此，相对简单粗放的一次性安置模式无论是对政府，还是对农民都存在许多潜在的（有的已开始显现）隐患，需要进行结构性调整。

（2）一次性安置中的安置形式也比较单一。特别是在住宅安置中，基本上都是“拆一还一，以房换房”，集中到“农民安置区”居住。这也客观上造成了农民安置区的过度“匀质化”，不利于农民增加本来就相对缺乏的“社会资本”，从而导致居住隔离甚至排斥；更不利于农民“城市融入”而成为市民。

据调查问卷统计：农民拿到安置补偿费后，有70%左右的农民用于子女的婚嫁、修房建屋，偿还借款等生活开销，很少用在自己的技能培训与创业上，难以实现再就业，无法发挥长久的生活与养老保障功能。

3.2.2 一次性安置层面——补偿不足

苏州一次性安置中的货币安置和住宅安置，分别存在补偿内容及补偿标准探讨的空间。在货币安置方面，补偿内容对土地发展权与宅基地使用权考虑的缺失，导致整体补偿不足；在住宅安置方面，由于标准制定等问题导致相对补偿（补偿差异）和绝对补偿（房屋缩水）双重不足。

1. 两权补偿缺失，货币补偿不足

货币安置的主要问题是对土地发展权与宅基地使用权缺乏考虑，从而导致整体补偿不足。

（1）对土地发展权缺乏货币补偿。在征地过程中，土地补偿费和安置补助费都是以产值来计算，补偿标准较低。以G区F街道某村为例，该村农民获青苗补助费人均1040元，土地补偿费693元，一次性货币补偿合计1733元/人（表3–6）。这种按照农用地的产值来计算的补偿方式，严重低估了集体土地的价值。事实上，城乡一体化中通过农民集中安置腾出来的土地主要用于城市建设。土地使用性质的改变导致土地价值大幅增长，增值高达数十倍。而本应在城乡一体化中共享发展成果的农民在现有补偿标准下失去了分享土地增值的机会，被剥夺了所拥有土地的土地发展权。

（2）农民集体土地所有权包括耕地、宅基地、集体资产用地。耕地已如上述分析给予补偿，集体资产用地基本转换为入股分红形式给予补偿。而对于农民的宅基地，基本上“见物不见权”，本质还是旧房换新房，属

苏州G区F街道某村农民补偿一览表　　表3–6

补偿项目	补偿标准	补偿范围	集体所得部分	农民所得部分
青苗补助费	1200元/亩	耕地、旱地	无	1200元/亩
土地补偿费	20000元/亩	耕地、旱地、村庄内道路用地	7000元/亩，购买集体资产	（1）800元/亩； （2）其余资金进入“被征地农民基本生活保障个人账户”； （3）集体资产分红
地上附着物补偿费	200元/m^2	非宅基地上搭建物	无	200元/m^2，根据搭建物质量好坏打折计算
安置补助费	20000元/人	被征地需安置的农业人口	无	进入“被征地农民基本生活保障个人账户”

于房屋补偿，宅基地使用权、土地发展权并未见任何补偿。此外，农民安置中宅基地的附加产权利益也受到一定程度损害。宅基地对农民来说不仅是安身之地，而且具备很多其他附加产权功能。如：农民利用宅基地院落饲养各种禽畜，发展养殖业；开办小型作坊、工场等，发展雕刻、刺绣等富含地域特色的传统手工业；开办小型工厂、小型便利商店等，发展非农产业。这些附加产权收益在宅基地置换中失去了，影响到农民收入。因而农民安置中应考虑宅基地的产权及附加产权收益的适度补偿。

2. 安置标准不一，双重补偿不足

住宅安置的主要问题是由于安置标准不一造成的相对补偿（补偿差异）和绝对补偿（房屋缩水）双重不足。

课题组通过对26个安置区的调研发现，一方面，同一时间断面上房屋拆迁政策存在空间差异，具体表现为各区拆迁安置政策不同，同区不同镇村拆迁安置政策也不同。如：同样的四口之家，主房220m^2，旧房补偿与新房安置价钱互抵后，在有的区可以安置到280m^{2}房屋+20万现金，在有的区只能安置到165m^{2}新房+5万现金。另一方面，同一空间节点上房屋拆迁政策也存在时间差异，即同一镇、同一村在不同时间拆迁享受的补偿安置政策不同。如：某区某镇2003年拆迁补偿约20万元，2010年拆迁补偿金为35～40万元。上述两种情况的补偿差异导致了住宅安置补偿的相对不足，而这种不足是造成安置农民心态失衡甚至攀比的重要原因。各地区住房安置缺乏整体协调，不仅影响安置的公平与绩效，而且极易激化社会矛盾，有关群体性事件已经为我们敲响了警钟。

与此同时，以家庭人口数量为标准的住房安置造成部分地区农民置换的新房与原来农村住宅面积相比缩水严重，农民满意度较低。一方面由于苏州农民比较富裕，在动迁前普遍情况是三开间三楼三底的主房，大约220m^2，再加100多平方米的一层辅房。另一方面苏州计划生育工作卓有成效，户均人口较低，按人口数量置换新房的基数较小。因此相比较以前的住房面积，现行政策往往造成补偿不足。如：按某区的安置标准，三口之家仅能置换到150m^{2}新房，远小于原来房屋主房面积220m^2，房屋绝对补偿明显不足。

调查问卷统计：农民户均宅基地272m^2，基本上未获得宅基地补偿。

政府访谈：比较强势，不补偿宅基地。

群众访谈：“以前宅基地当然好啊，上有天、下有地的生活，还有自己的场院，现在什么都没有，也没有拿到钱。”

3.2.3 持续性安置层面——缺乏造血

苏州的持续性安置目前包括土地换社保

安置、入股安置和物业开发安置三种模式，虽然由于城乡一体化发展改革的政策探索，极大地提高了农民安置的财产性收入，但是由于生活性支出的增加，以及就业性收入的缺失，矛盾仍较突出。

1. 持续收入偏低，社会保障有限

拆迁安置前后农民的收入、支出结构都具有较大变化。从收入、支出结构变化看，安置后农民普遍失去了农耕收入，部分农民失去了与农业相关的谋生渠道，另外安置前原本可利用宅基地等做一些小型加工业，却在新安置区失去了继续生产的空间，经营性收入下降。而新增的收入来源主要是安置住宅余房与车库出租，此外还有集体资产分红与生活保障费。农民支出结构变化突出表现为食品开支与社区生活费用的增加。安置前农村生活本是一种低成本、低支出的生活方式，在征地之前的农村生活中，农民以务农为生，日常的粮、菜、水等食品消费自给自足，因此食品开支只占整个家庭开支中较小的一部分，生活成本较低。进城安置后农民的家庭食品消费如粮、菜只能从市场购入，这就导致了生活消费支出的大幅增长。再加上农民进入集中安置区生活后，随之而来的各种生活费用，如水费、燃气费、小区物业管理费等刚性支出增加，远超过农民在农村时期的生活成本，加重了农民安置后的经济生活负担。可见，农民安置对农民的收入、支出结构都造成影响（图3-3，表3-7）。从

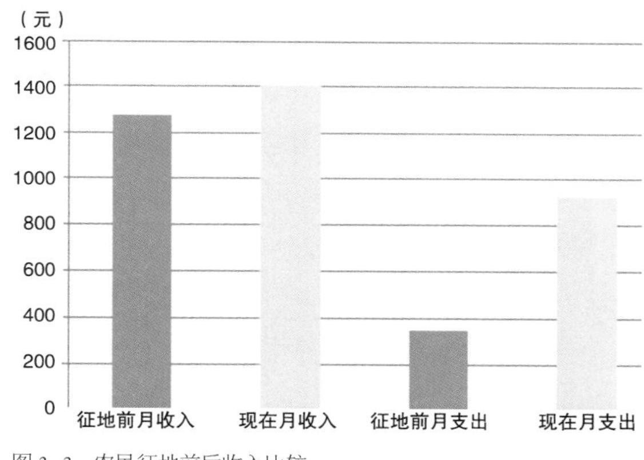

图 3-3 农民征地前后收入比较

农民被征地前后收入变化一览表 表 3-7

收入结构变化	城市化后减少的收入来源	1. 种田种地的粮食、蔬菜等； 2. 与农村生活有关的工作收入，如拖拉机跑运输等； 3. 利用宅基地进行的小型加工业
	城市化后增加的收入来源	1. 失地补偿与基本生活保障费用； 2. 出租余房、车库收入； 3. 再就业的工资或自主经营收入； 4. 村集体入股分红等
	城市化后仍保持的收入	刺绣、缝手套等手工活
支出结构变化	城市化后多支出的费用	1. 菜、米、油等食品类支出； 2. 水、电、燃气、物业费等社区生活费用

数据上看，安置后收入与支出均呈增长趋势，但支出增长幅度超过收入增长幅度，实际的收支结余比安置前更少。在收入不保的情况下还要增加支出，使他们的生活稳定性比预期减弱。

土地不仅是农民的生产和生活资料，还承担着农民的社会保障功能（表3-8），目前苏州农民社会保障执行标准还比较低，在CPI节节攀升的今天，生活补助的涨幅跟不上日常食品类支出的涨幅。土地换来的保障不足以弥补土地对于农民的保障功能。以某区为例，2008年实行城保并轨政策时，女满55岁和男满60岁的老人无法参加城保，目前只能拿430元/月的基本生活保障，小于苏州市区人均513元/月的食品类支出，无法维持日常生活支出。

2. 就业造血不足，失业问题突出

通过本研究调查发现，安置农民失业率较高，再就业困难，很多农户只是靠出租房子维持生活。众所周知，市场渠道和社会关系网络是求职的两种主要途径，而就业则依赖于人力资本与社会资本。对于农民来说，文化程度普遍不高，缺乏非农就业技能，人力资本较弱，安置后在非农技能的市场竞争中处于劣势。政府提供的就业服务大多是保洁、保安类工作，只能维持其生存，不能促进其发展。而在社会资本方面，由于个体社会网络的异质性是决定个体所拥有的社会资源数量与质量的首要因素，而大规模、同质的农民社区造成农民社会资本无法增加，不利于农民再就业，更不利于其城市融入。

3.2.4 保障机制层面——双重缺乏

除了上述问题外，在保障机制层面也还存在双重缺乏的问题：一是在法治层面，缺乏法律规定；二是在管理层面，缺乏心理疏导。

1. 法律规定缺失，统筹协调不足

从面上来看，关于农民安置的法律规定较少而且位阶较低。例如《中华人民共和国土地管理法》中并未对被征地农民的安置提出具体措施，《中华人民共和国土地管理法实施条例》中也只提到一些原则性的规定，而

征地安置补偿及基本生活保障一览表　　表3-8

年龄段	征地安置补偿及基本生活保障
16周岁以下	一次性支付7500元
16～35（女）/40（男）岁	一次性支付10000元。到达40（女）/50（男）岁后，按月领取征地救济金
35（女）/40（男）～55（女）/60（男）岁	按月领取220元生活补助费。到55（女）/60（男）岁后按月领取280元征地保证金
55（女）/60（男）岁以上	按月领取390元征地保证金

地方或基层政府在操作过程中所依据的基本上都是行政法规、部门规章和其他规范性法律文件等。关于农民宅基地保护的现行法规也不健全，尚未颁布类似于《中华人民共和国农村土地承包法》的专门法律来保护农村宅基地权利。总体而言，农民安置的相关法律法规整体位阶较低，亟需完善立法。

此外，既有的法律规定也有不尽合理之处，需要调整。特别是补偿标准，虽然《中华人民共和国土地管理法》有相应规定，但长时间未进行调整，以产值为依据的计算本身就不全面，也不合理。如2006年由国务院公布的《关于加强土地调控有关问题的通知》，强调了征地补偿安置必须以确保被征地农民原有生活水平不降低，长远生计有保障为原则，并提出最低限额，但是设定一个最高不超过15倍或合计不超过30倍的最高限额却值得商榷。

除了法律保障之外，农民安置过程涉及土地、公安、劳动、社会保障、规划、拆迁等多个部门，这些部门之间的有效沟通与统筹协调是农民安置顺利实施的组织保证。而在调研中发现，农民安置的统筹协调机制尚未完全建立，在横向上，不同行政主体政策不一，不同部门沟通交流也较少；在纵向上，同一条口信息交流不畅，甚至存在主管部门尚不能全面掌握各区镇具体操作政策的现象。

调查问卷统计：农民失业率达到29%（远高于官方统计数据）。

政府访谈：政府为解决就业问题制定了一系列制度，包括免费登记制度；免费培训制度；奖励中介制度；鼓励企业用工制度；村企挂钩制度等。

群众访谈："政府帮助流于形式，虽然发放劳动上岗证，但没有人管我们找工作，工作都是自己托朋友、亲戚找。好工作都安排给村干部的亲戚，提供给我们的不是保安就是保洁，辛苦而且工资不高，每天工作10小时仅1500元/月。"

2. 缺乏心理疏导，易生社会矛盾

在农民安置过程中，一切冲突与矛盾的直接导火索便是农民基于公平公正原则而产生的心理失衡与落差，这些不仅出现在安置前和安置中，同样也会出现在安置后。

从调查来看，在安置前和安置中，现实的失地成本和安置收益与预期的巨大反差造成了安置农民心理失衡，此外强势拆迁及不透明补偿也导致了钉子户、暴力抗拆的出现，甚至是群体事件的发生。由于相关的经验和教训都比较多，这一阶段对农民的心理疏导相对较好。

反观安置后，农民生存成本增加，谋生手段也要从头再来，交通、购物、教育等都成为不得不面对的棘手问题。这些新变化带来的问题必然造成安置农民心理上的焦虑和彷徨，甚至将这些问题都归咎于安置工作本身。因此，这一阶段的心理疏导尤为重要。但在现实中却往往被忽视，造成农民持续的心理落差。

3.3 苏州农民安置模式政策建议

针对当前苏州农民安置模式存在的问题，本书在安置模式总体方略的制定中引入“可持续生计”理念，在此基础上对三个可能的安置模式突破进行重点研究，最后对安置模式的实施保障提出建议。

3.3.1 农民安置模式的总体方略

农民安置是一项复杂而综合的系统工程，由于农民安置模式种类繁多，实施过程涉及不同部门和条口，因此在进行具体的安置模式对策研究之前有必要在整体层面统一“价值观”，明确指导思想、目标理念、基本原则，形成总体方略。

1. 指导思想——以农民为本

苏州城乡一体化背景下的农民安置首先要用科学发展观来指导。科学发展观强调以人为本，这个“人”是人民群众，包括广大安置农民，既包括安置农民的本体，也涉及安置农民的利益；这个“本”是指发展的根本目的及根本目标。因此，城乡一体化进程中的农民安置必须坚持“以农民为本”的指导思想，充分考虑并体现安置农民的利益诉求，远近结合，立足利益共享来安置农民，维护社会的稳定发展。

2. 目标理念——可持续生计

按照科学发展观及和谐社会的要求，在城乡一体化进程中应把“可持续生计”作为农民安置的基本目标和理念。一般来说，“可持续生计”（Sustainable Livelihoods）是指个人或家庭为改善长远的生活状况所拥有和获得的谋生能力、资产（包括有形的储备物资，也包括无形的要求与享有权）和有收入的活动。[1]因此，基于可持续生计的农民安置过程不仅应确保农民当前的生活水平不因安置而降低，而且要促进其生活水平的持续提高，保证农民能够长期稳定地分享到城市化带来的一系列成果，从而实现农民生产、生活的可持续发展，最终实现城乡统筹发展，构建和谐城乡、和谐社会。[2]这是农民安置的基本价值取向与最终政策目标。而构建新型农民安置模式，实现农民生计的可持续发展，是从根本上规避农民安置潜在隐患和解决农民安置现实问题的有效方法。

---

［1］苏芳，徐中民，尚海洋. 可持续生计分析研究综述[J]. 地球科学进展，2009（1）。
［2］乔杰. 基于可持续生计的失地农民安置问题研究[D]. 重庆：重庆大学，2009。

3. 基本原则——延续性、发展性、公平性

1）延续性

发展是一个降低脆弱性、增强能力的过程，是可持续生计的根本特性。依据可持续生计理念，农民进城安置必须是促进农民生活发展的，这体现在：第一，必须保证安置后农民现有的生活、生计水平不降低，并拥有改善生活状态和谋生能力的物质基础与发展机会。第二，保障农民安置后长远的生计发展，既要确保当代安置农民的可持续生计，又要惠及他们的后代，从代际传承中实现农民向市民身份的过渡与生活方式的转换。

2）发展性

可持续生计涉及农民多维生计资本，是个协同作用的过程，多维性是可持续生计的重要特征。根据可持续生计理念，农民安置中应注重农民人力资本的培训与提高，社会资本的积累与丰富，并提供促进其发展的物质资本与金融资本，如提供更适宜生活的居住空间，现代化的基础设施，支持创业的小额贷款等。

3）公平性

公平性是可持续生计的基本要求，是农民安置过程中应遵循的基本原则之一。公平性含有两个层次：

（1）从总体看，农民与市民之间必须是公平的。这要求在农民安置过程中，必须破除城乡二元结构，给予农民同等的市民待遇，如相同的社会保障，以土地产权为核心的完整的财产权利，平等自由的发展空间等。

（2）从内部看，安置农民之间必须是公平的。这要求规范各区、各镇政府的安置政策，建立公开、公正、公平的安置制度[1]，将安置标准、补偿标准、安置办法等内容纳入相对统一的体系框架，避免出现某一区域内安置政策相对不公的情况。

3.3.2 农民安置模式的重点突破

鉴于农民安置模式问题的复杂性和长期性，必须运用多种手段打好“组合拳”，同时有选择地“重点突破”。结合苏州城乡一体化过程中农民安置的实际情况，课题组建议在以下三个方面形成重点突破：

1. 优化多元安置

如前所述，苏州农民安置模式总体结构简单，普遍采用的一次性安置模式中形式也较单一，基本上都是通过“以房换房”的方式，实施“集中居住”。从实际调研和问题分析来看，目前农民安置的很多问题都源于这种既简单又单一的模式，因此课题组提出优化建议，变单一集中安置为多元分散安置。

在总体结构层面，加强持续性安置模式

[1] 李国健. 被征地农民的补偿安置研究[D]. 泰安：山东农业大学，2008。

的比例，兼顾农民补偿性收入、财产性收入和就业性收入的增长，形成多元化的综合安置模式。在具体实施层面，根据农民自愿的原则，引入市场手段，提供多元选择。一方面，在住房安置中利用货币化手段改变“以房换房”的单一结构，引导、鼓励农民自主选择居住方式和住宅产品；另一方面，在城镇住房结构中考虑增加“城市化保障性住房”，为农民自主购房、分散进城与城市居民混合居住提供便利，促进城市融合，减少社会矛盾。

2. 深化一次安置

货币安置和住宅安置作为苏州目前最主要的安置模式，在未来相当长的时间内仍然会占有举足轻重的地位，本课题针对上述两种一次性安置的问题，分别提出深化建议。

1）货币安置深化建议

在货币安置层面，应当增加土地发展权和宅基地使用权的补偿，并随着经济发展程度的提高，同步提高征地补偿标准，增加农民补偿性收入，从而使安置农民共享城乡一体化发展成果，确保其原有农村生活水平不降低，长远生计有保障。

在土地发展权方面，主要有以下三方面的深化建议。首先，应创造条件，按照土地的市场价格实施征地补偿，并将土地发展权补偿通过社会保障费用落实，让农民持续分享城乡一体化带来的土地增值收益。其次，严格界定公共利益的范畴，开展缩小征地权范围的改革，允许多元主体分享土地发展权益，农民能以集体建设用地使用权参与开发，共享土地增值收益。最后，落实、推广征地留用地制度，给被征地的村集体预留一定比例的经济发展用地，由村集体经济组织按照规划建设标准厂房、商铺等用于出租，租金收益以股份制形式分红，使农民分享到土地发展权益。[1]

在宅基地使用权方面，需要制定与《中华人民共和国农村土地承包法》相并列的法规制度来保护农民宅基地权益。在拆迁时，不仅对农房，也要对宅基地给予现金补偿或者计入社会保障，以反映农民宅基地的替代价值（图3-4）。[2]

2）住宅安置深化建议

在住宅安置方面，应当深化完善安置标准及模式的针对性和多元化，真正做到“以农为本，普惠于民”。

首先，对于选择住宅安置的农民建议采取面积安置与人口安置相结合的置换方法，人口少的家庭参照面积安置方法，人口多的

---

[1] 张晓玲，詹运洲，蔡玉梅等. 土地制度与政策：城市发展的重要助推器——对中国城市化发展实践的观察与思考[J].城市规划学刊，2011（1）。

[2] 国务院发展研究中心课题组. 中国失地农民权益保护及若干政策建议[J].改革，2009（5）。

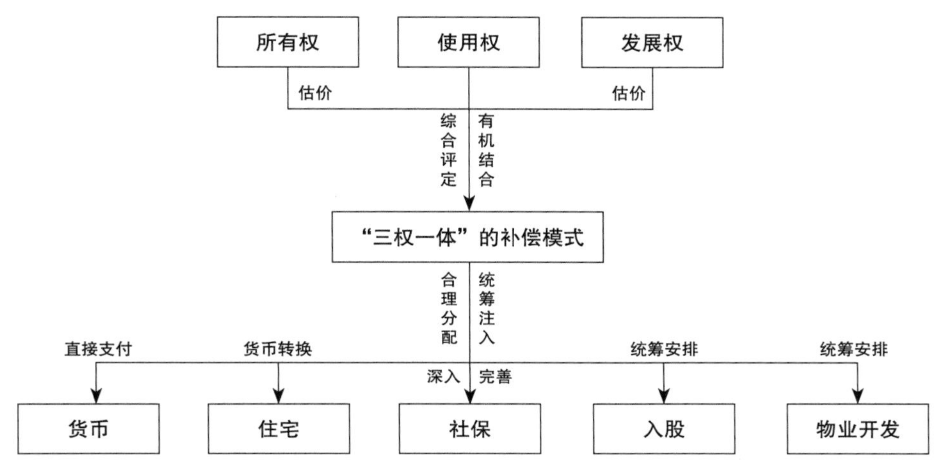

图 3-4 “三位一体”的安置模式

家庭参照人口安置方法，目的是以农民利益最大化为宗旨，给农民提供更人性化的选择。

其次，在住房安置模式调研中发现，房屋租金已成为农民安置后的主要收入来源，住宅对于农民而言不仅仅是居住功能，还具有投资功能。因而建议在住宅安置中提供“菜单式”的套餐选择，既能提升农民经济收入，又便于日后社区管理。“菜单式”的套餐

> 潍坊市高新区根据产业布局，为新区每户农民提供160m²的单元式两户型住房，一套自己居住，一套用于出租。同时，按照人均50m²的标准建设标准厂房，人均10m²的标准建设沿街商业用房，统一规划，集中建设，将其量化到户，明晰产权，按照股份制形式运作，管理，农民以股权形式参与分配。

提供多种选择，如：自住户型面积与集宿区置换面积组合，自住户型面积与厂房置换面积组合，自住户型面积与商业置换面积组合等。农民根据实际情况选择，使房租性收入效益最大化。这方面工作可在借鉴山东潍坊市高新区已有经验的基础上不断提升完善。

3. 强化持续安置

苏州农民安置模式第三个重点突破是强化持续性安置，具体表现在强化社会保障，强化富民增收，强化就业安置三个方面。

（1）强化社会保障，在农民安置中深化社会保障制度改革，在基本医疗、养老保障和社会救助等城乡社会保障对接并轨上力求突破，破除城乡二元体制。第一，建立城乡统一的社会基本医疗保险制度，实现覆盖范围、保障项目、待遇标准、医疗救助和管理制度在城乡的“五统一”。第二，建立城乡一

体的社会养老保障制度，努力实现城乡社会养老保障制度的一元化。第三，建立城乡一体的社会救助体系，不断完善城乡最低生活保障政策，加快统一城乡低保标准，实行城乡社会医疗救助统一管理。[1]

（2）强化“三大合作”组织，在持续富民增收上求突破。第一，创新土地股份合作模式，探索建立跨区域的土地合作联社或总社，重点在合作规模上取得突破。第二，以县（市、区）为单元，以产品为纽带，探索建立专业合作联社，提高产品的市场竞争力和农民的话语权。第三，围绕构建农民增收长效机制，创新社区股份合作组织。把发展社区股份合作组织作为重点，通过明晰产权主体，让农民享有集体资产股权；允许和鼓励社区股份合作组织预留一定面积的建设用地，统一使用、建设和经营，重点支持农民创业就业，增加财产性收入；允许和鼓励社区股份合作组织对其拥有的经营性用房进行翻建和改造，对废弃地、边角地整合利用，增加集体经济资产。[2]

（3）强化就业安置，在可持续生计上求突破。通过制定一系列培训、安置、扶持等优惠政策，形成区、街道、村等多级安置农民转移工作系统管理网络，加速农村劳动力有组织转移，鼓励安置农民通过非全日制、临时性、季节性工作等灵活多样的方式实现非农就业。[3]同时，在城镇产业发展过程中应发展适量的劳动密集型加工产业和服务行业，组织劳务输出，扩大就业人口。在规划工业聚集区时，配套发展第三产业，使多数有文化的青壮年农民转入城市二、三产业就业，从而有效改变安置农民的就业结构。[4]用地单位招工应与政府及安置农民做好沟通工作，及时反馈用人需求，让农民尽快了解职业技能需求，以便有针对性地学习相关技能。用人单位在招工用人时，在同等情况下要优先安排安置农民，给予其更多的就业机会。此外，在空间上可以规划安置区与城市商品房小区混合，形成混合社区，增加农民的社会资本和就业机会；预留物业用地和公建面积给安置农民从事第三产业，如个体经营小型便利店、小型超市等，从而实现自我创业或自主就业。

3.3.3 农民安置模式的实施保障

针对前文所述问题，安置政策顺利实施的保障不仅应包括政府“自上而下”的法律

[1] 方辉振. 城乡一体化的核心机制——以苏州市城乡一体化发展综合配套改革试点为例[J].中共中央党校学报，2010（5）。
[2] 罗英辉，焦利娟，孙沫莉，潘刚. 浅谈缩小黑龙江省城乡居民收入的对策和措施[J].中国城市经济，2011（18）。
[3] 李国健. 被征地农民的补偿安置研究[D].泰安：山东农业大学. 2008。
[4] 刘乐，杨学成. 开发区失地农民补偿安置及生存状况研究——以泰安市高新技术产业开发区为例[J].中国土地科学，2009（4）。

法规保障、协调机制保障，还包括农民“自下而上”的积极参与。只有两方面的合力才能保证政策高效、稳步推进落实。

1. 健全法律法规，完善协调机制

农民安置实施的关键之一是要通过健全法律法规和完善协调机制，实行法治。

（1）应该完善农民安置的相关法律，平等保护每个公民的权利。在宏观层面做到具体安置措施法律化，安置补偿标准合理化，身份转换待遇社保化，农民“账户”及“基金”规范化；在微观层面完善立法以加强私人权利保护，严格控制征地规模和数量，提高征地的经济补偿标准，剖析农村集体土地所有权与使用权的含义，解决安置农民的农村低保问题，完善土地征用行政救济制度。

（2）建立安置模式协调机制（图3-5），其中包括协调沟通机制、协调组织保障机制、相关政策内容整合机制，建议成立城乡一体化农民安置的协调机构，掌握苏州市各区农民安置的整体情况与动态演绎，进行安置补偿方式整体设计，定期组织国土、拆迁、规划等有关部门工作会谈，互通有无，做到拆迁、安置、补偿、规划、分配等工作的无缝对接，以便对相关政策体系进行及时调整，补充政策间协调内容。

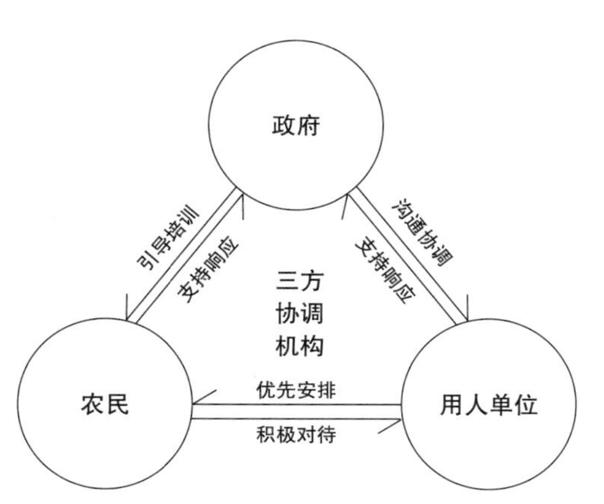

图 3-5　就业安置三方协调

（3）建立征地监督处罚管理制度，严格落实国家关于征地的法律法规条例。要保证征地中的各项制度落到实处，必须辅之以各种具体措施。

2. 疏导农民心理，化解群体矛盾

坚持“以农民为本”理念，农民群众始终是安置补偿过程中的主体，安置工作是否能够顺利进行，最重要的便是做好农民工作。要做好农民工作，首先应该制定完善的安置补偿办法并及时准确地公开，让农民切身感受到公平公正；其次需对农民做好心理辅导，从宏观层面上的城乡统筹发展到微观层面上的补偿细节，都应该安排专门人员对农民进行详细讲解，让农民思想更上一个台阶，从而全力支持城乡一体化的建设发展；最后在非必要情况下绝不强迫征收农民土地，充分尊重农民的自主选择权。只有这样才能使农民征地安置工作更好地进行，并在安置后不留下过多隐患，构建真正意义上的和谐社会。

第4章　空间：农民集中安置区规划研究

空间规划既是本次研究的出发点和落脚点，也是研究的主体和重点。在空间规划研究中，一方面，通过前述的基础研究和安置模式研究，明晰城乡一体化过程中农民安置的新背景、新趋势、新要求和新举措，实现空间规划的回应和落实；另一方面，以问题为导向，以实证为基础，选取最有普遍性和典型性的农民集中安置区作为研究对象，系统研究空间规划的问题及对策，以期对下一步的农民集中安置区规划建设工作有所裨益。

4.1 空间规划的研究思路

4.1.1 研究对象选取

本次研究以农民集中安置区为对象进行空间规划研究。但在具体的样本选择上，由于城乡一体化改革发展刚刚起步不久，因此完全建成的农民集中安置区并不多，这也给研究带来了一定的困难。在实际调查中，本课题除选择城乡一体化后的直接案例外，还择取了城乡一体化前的关联案例，以期借鉴优点，分析问题。

此外，本次研究的样本选择还兼顾统一性和多样性。首先是统一性，所有样本都在23个先导区中选择，以此充分体现城乡一体化的背景和特征；其次是多样性，26个农民集中安置区在建设时间、选址规模、结构布局、空间形态、容量指标等方面各不相同，以此确保调查样本的典型性，研究结论的科学性和普适性。

4.1.2 研究方法确定

以实证研究的调查—分析—规划作为主要研究方法。首先将集中安置区空间分解为四个子系统，然后按照“调查现状—分析问题—提出规划对策”的方法和步骤对每个子系统分别开展专项研究。

4.1.3 研究内容架构

本部分研究内容主要分为两个层面：首先是空间规划的总则，相当于“价值观”；其次是选址规模、结构布局、居住建筑、公建配套四大部分的系统研究，相当于“方法论”（图4-1）。

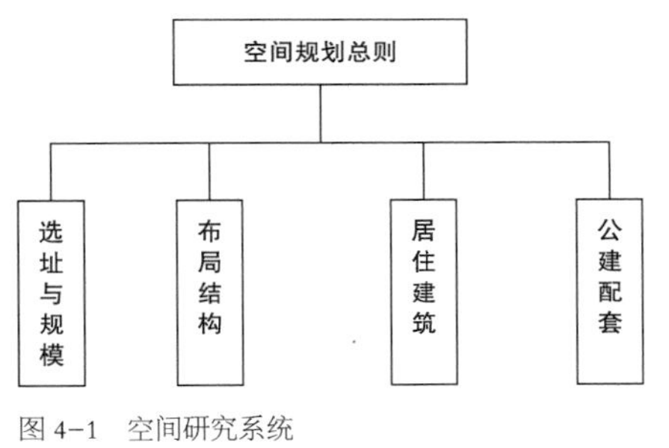

图 4-1 空间研究系统

4.2 空间规划研究——总则

结合前述的基础研究与安置模式研究，本课题以相关学者提出的“空间正义”理念作为农民集中安置区空间规划的价值追求和行动纲领。

4.2.1 空间正义理念的引入

正义即公平，是指每个人都应获得其应得的东西。从空间上来说，当前城市化发展的空间载体不仅是物理空间，更涵括社会空间。空间正义是存在于空间生产和空间资源配置领域中的公民空间权益的社会公平和公正，它涵盖对空间资源和空间产品的生产、占有、利用、交换、消费的正义。[1]空间正义的核心是使生产及生活的空间资源能够在人与人之间进行公平的分配，使每个人都能分享其应得的空间权益。安置农民是城市弱势群体，不应再被迫压缩、集中安置于资源贫乏的城市空间中，否则可能形成恶劣生存状况的再生产循环，演变为难以治理的社会顽症。因此，根据一定的社会发展水平，公平占有一定的生存空间，合法享有一定的空间资源及空间产品，既是每一个安置农民的基本权利，更是社会应当满足其的基本义务。[2]

城市规划在本质上是一种公共政策，所涉及的是包括土地资源在内的城市空间资源

[1] 任平. 空间的正义——当代中国可持续城市化的基本走向[J]. 城市发展研究，2006（9）。
[2] 徐震. 关于当代空间正义理论的几点思考[J]. 山西师大学报（社会科学版），2007（9）。

的配置问题[1]，根据空间正义理念，需要在追求资源分配效率之上兼顾不同群体的利益，创造人人可享、公平的基本保障和公共服务。因而农民集中安置区的空间规划也要以支持社会公平为导向，以客观公正为价值观念，按照空间正义原则的要求进行编制和完善。

4.2.2 空间正义总则的确立

从农民集中安置区规划过程来看，空间正义往往面临两大挑战：一是基本忽视，二是片面理解。

（1）基本忽视。特别是在“以资本为核心，以利润最大化为导向，以片面追求GDP为特征，以制度公正尚不健全为条件”[2]的社会经济大背景下，农民集中安置区规划更容易产生侵害空间正义的行为，比如：选址边缘化、空间单一化、住房低质化等，再加上安置模式中也往往缺乏对空间正义的考虑，易导致安置农民沦为失地、失居、失业的“三失群体”。

（2）片面理解。在农民集中安置区规划中，为了便于实际操作，减少分配纠纷，往往将空间正义片面理解为平等主义或者平均主义，具体表现在空间布局上“整齐划一”与建筑设计上“一模一样”。这种片面的平均化并非是正义的，表面上的个体“均好”导致了实际上的整体“均坏”。此外，城乡一体化作为农民集中安置规划的背景，本身就强调所有人，无论城乡、男女、老幼，都可以分享城乡一体化带来的增益，包括适当的住房、清洁的环境、必要的保障、合适的就业……共享发展成果，共享和谐惠益，是空间规划的必然方向和选择。

由此可见，无论是农民集中安置区规划的内在需求还是城乡一体化背景下的外在要求，都需要并且应当以空间正义作为农民集中安置区空间规划的价值理念和总体纲领。

4.3 空间规划研究——选址与规模

本课题将农民集中安置区的选址与规模归并成一个系统进行研究，主要出于以下两方面考虑：首先从规划程序上来讲，二者都属于前提性条件；其次从实际操作来看，选址与规模往往是捆绑在一起考虑，相互关联并在一定程度上互为因果。

4.3.1 现状概况

1. 选址

1）基本概况

从调查收集的样本来看，农民集中安置区的选址宏观区位基本相似，即在“三形态”和“三集中”的导向下，基本都位于镇区规

[1] 钱振明. 走向空间正义：让城市化的增益惠及所有人[J]. 江海学刊，2007（3）。

[2] 刘爱林，混合居住与构建和谐城市研究［D］. 武汉：华中师范大学，2008-05.

划范围内。但从微观区位来看各不相同，有的靠近镇区中心，有的位于镇区边缘；有的靠近产业区，有的远离产业区……这就需要用特有的研究框架来进行量化研究。

本课题结合“有利生产、方便生活”的规划原则，以安置区与镇中心区及工业区的空间距离为参数来判别选址的基本情况。

2）特征分析

全市4个区26个农民集中安置区与镇中心区及工业区的距离测算情况如下（表4-1）：各安置区与所在区的中心城区的距离在2～16km之间，平均距离为9.3km；与所在镇的中心区距离在0.3～5.3km之间，平均距离为1.9km；与最近工业区的距离在0.4～8.7km之间，平均距离为2.6km。[1]

通过安置区平均区位数据的分析可以发现：安置区与镇中心区及工业区的平均距离都在较为合理的出行范围之内，由此可见苏州安置区选址的总体情况良好，在快速城市化地区时常出现的“飞地选址”已经杜绝。从微观区位来看，各安置区与工业区的距离都在合理范围内并且标准差不高，但与城区及镇中心区的距离离散度较高，可以根据不同情况归纳为近城近镇、近城远镇、远城远镇、远城近镇四种类型（图4-2）。

（1）“近城近镇”型。“近城近镇”型指

安置区与镇中心及工业区距离调查一览表　表 4-1

地区	小区	与区中心区距离（km）	与镇中心区距离（km）	与工业区距离（km）
园区	张泾	3.05	0.57	1.55
	青剑湖	5.27	1.64	1.2
	夷陵山	12.66	2.21	1.67
	滨江苑	14.22	1.34	0.43
	浪花苑	13.36	0.58	1.12
	吴淞江新村	12.82	0.72	1.45
吴中区	尹东	8.48	3.28	5.83
	新思家园	12.95	1.14	1.12
	金山浜	4.35	3.55	3.72
	馨乐花园	6.23	1.27	1.51
	金运花园	7.89	1.78	1.26
	蠡墅花园	3.01	1.42	3.83
相城区	圣堂	16.81	1.56	8.66
	沈周	15.86	0.65	6.79
	阳澄花园	15.66	0.31	6.84
	玉盘家园	11.33	0.64	0.89
	安元佳苑	2.57	1.08	0.56
新区	马浜花园	2.75	1.11	3.46
	华通花园	12.92	1.49	4.08
	阳山花园	11.57	2.24	5.34
	马涧小区	7.04	4.36	3.06
	金色家园	2.91	3.39	1.56
	新浒花园	9.96	1.69	0.68
	新民苑	8.71	5.32	0.57
	龙景花园	17.1	1.51	0.54
	新主城	1.54	3.38	0.5

[1] 对于两镇合并后的乡镇，在具体测算中从居民生活习惯出发，还是分别选取原来两镇的镇中心而不是现在的新中心进行距离测算，如：唯亭。

位于镇中心区附近且靠近区中心的安置区，这类安置区以园区的张泾小区为代表，与城市的协调良好，农民生活工作便利。这类型的安置区占我们调查总数的27%。

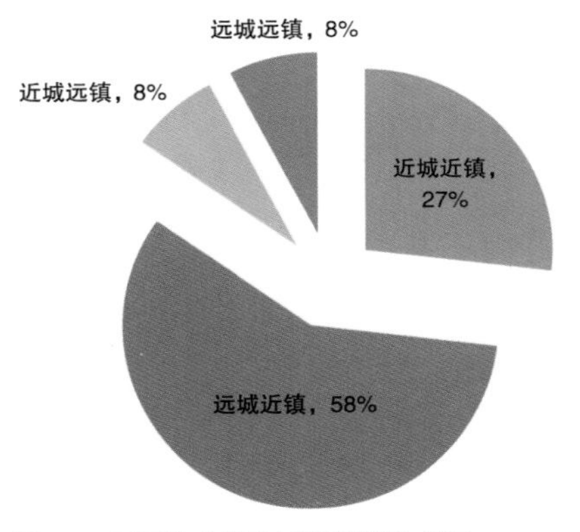

图 4-2　不同选址类型安置区数量比例图

（2）“远城近镇”型。“远城近镇”型有两种情况：一种位于镇中心区附近但不靠近区中心，另一种位于镇中心区附近但镇本身离区中心较远，这类安置区分别以吴中区的汤堡小区及相城区的玉盘家园为代表。此类型安置区与城市的协调及农民生活工作的问题较少，其数量占我们调查总数的58%。

（3）“近城远镇”型。“近城远镇”型也有两种情况：一种离镇中心区较远但靠近区中心；另一种离镇中心区和区中心距离都较大，但靠近其他区中心区。这类安置区分别以吴中区的姜家小区及吴中区的金山浜为代表。这类安置区与城市的协调问题较多，居民生活工作不便利，但随着城市基础设施建设及城市扩张，这些问题将逐步减少。此类型安置区数量占我们调查总数的8%。

（4）“远城远镇”型。“远城远镇”型指离镇中心区和区中心距离都较大的安置区，这类安置区以高新区的阳山花园为代表，因为距离远，受城市及镇区的影响辐射小，所以目前与城市的协调及居民生活工作的情况问题突出。这类型的安置区占我们调查总数的8%。

此外，农民集中安置区选址在各城区的情况有所不同。如图4-3所示，相城区的安置区选址都属于“远城近镇”型，选址方面着重考虑镇区因素，大多在每个镇区附近协调安置区位置；园区与高新区的安置区选址主要为“远城远镇”型，其他类型较少；吴中区的安置区选址包含多种类型，而且各类型比例相当。

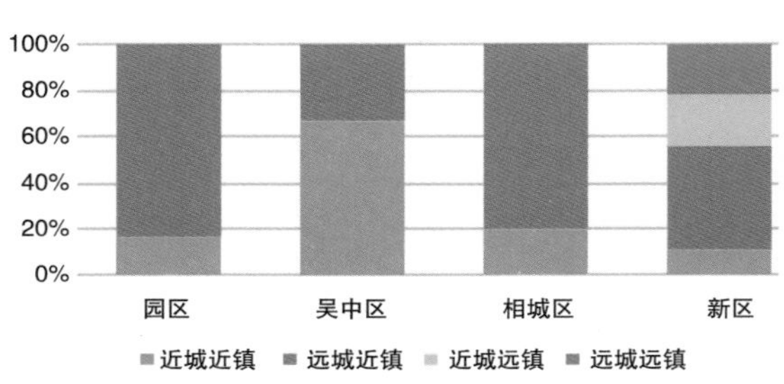

图 4-3　各区安置区类型比例图

2. 规模

本次课题调研苏州市4个区的26处农民集中安置区，具体位置分布详见图4-4、图4-5、图4-6，基本信息详见表4-2。根据调

图 4-4　新区与相城区农民安置点分布图

图 4-5　木渎镇与渭塘镇农民安置点分布图

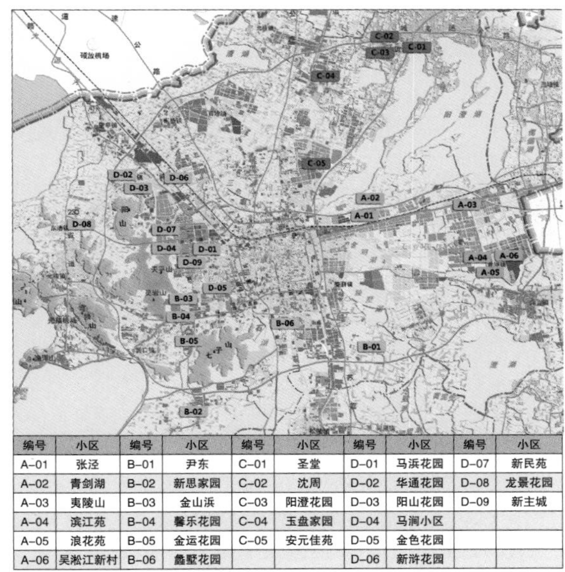

编号	小区	编号	小区	编号	小区	编号	小区	编号	小区
A-01	张泾	B-01	尹东	C-01	圣堂	D-01	马浜花园	D-07	新民苑
A-02	青剑湖	B-02	新思家园	C-02	沈周	D-02	华通花园	D-08	龙景花园
A-03	夷陵山	B-03	金山浜	C-03	阳澄花园	D-03	阳山花园	D-09	新主城
A-04	滨江苑	B-04	馨乐花园	C-04	玉盘家园	D-04	马涧小区		
A-05	浪花苑	B-05	金运花园	C-05	安元佳苑	D-05	金色花园		
A-06	吴淞江新村	B-06	鑫壑花园			D-06	新浒花园		

图 4-6　调查安置区的分布情况

查统计，26个安置区的用地规模4～125hm^{2}不等，安置区的规划人口1700～20000人不等。

4.3.2　问题分析

1. 选址问题一：缺乏规划衔接统筹

通过对26个安置区的调查研究发现，其选址或是缺乏规划引领，或是缺乏规划衔接，或是缺乏规划统筹，具体表现为：

（1）缺乏规划引领。为了操作方便，快速城市化背景下安置区的选址往往跳出当时的规划区范围；随着城市的拓展，逐渐变成“马赛克”式的斑块，地位颇为尴尬。如早期

调查安置区基本数据一览表

表 4–2

小区	编号	地区	建设时间	用地规模（hm²）	总建筑面积（m²）	总户数（户）	空间类型	建筑密度（%）	容积率	公建面积（m²）	停车位
张泾	A–01	园区	2003	28.73		3605	多、尚				
青剑湖	A–02		2008	70			多、高				
夷陵山	A–03		2008	25.3	388408	3652	多、尚		1.62	22000	
滨江苑	A–04		2008	19.38	404646.4	3180	高	10.68	1.8	14983.84	1434
浪花苑	A–05		2008	5.23	152136	1182	高	16.9	2.34	6012	725
吴淞江新村	A–06		2007	7.2	94836	860	多、高	20.6	1.32	3500	202
尹东	B–01	吴中区	2009–2010	25.15	445143.01	3680	多、高	18	1.77	9965.9	2224
新思家园	B–02		2007	8.29	136549.95	1280	多、高	19.1	1.65	643.26	674
金山浜	B–03		2008	36.93	616843.1	4430	多、高	23.2	1.67	52826.96	3251
馨乐花园	B–04		2006	12.35	160332.57	840	多、联排	27.56	1.3	7844.2	
金运花园	B–05		2010	21.35	424577.05	2812	多、尚	18.1	1.59	19488.6	1561
蠡墅花园	B–06		2009–2010	32.7	698000	5498	多、高	26.5	2.13	108000	1822
圣堂	C–01	相城区	未建	27.53	740017.08	5510	高	12.71	2.266	19767.84	3283
沈周	C–02		2009	32.24	875040.82	6840	多、高	17.9	2.71	21458.56	3875
阳澄花园	C–03		2006	9.41	155750.3	524	多、联排	37.1	1.65	16558.4	
玉盘家园	C–04		2006	24.2			多				
安元佳苑	C–05		2008	2.9	54590.49	452	高	20	1.6	3784.81	226
马浜花园	D–01	新区	2003–2006	43.6	688989		多	26.6	1.58	7854	
华通花园	D–02		2005	135.2	1385824	14482	多	14.2	1.1	163875.36	
阳山花园	D–03		2005	98.92	1100586.1	12328	多		1.11	17172.8	
马涧小区	D–04		2001	51.96	532992.2	5870	多	27	1.03	7633.2	
金色家园	D–05		2010	25.3	323770.21	2866	多	23	1.11		
新浒花园	D–06		2006	57.3	785226.46	6310	多		1.37	3370	1465
新民范	D–07		2010	10.58	118126.32	1156	多	24	1.12	8271.53	613
龙景花因	D–08		2006	72.39	736600	8030	多		1.02	45700	
新主城	D–09		未建	8.6	244329.93	2076	高	14.87	2.318	8303.67	1454

的马涧花园（图4-7），由于选址缺乏规划的长远考虑，如今已被工业区与农村包围；受交通穿越及周边环境影响，品质尚可的安置区也由于外部负效应而处境尴尬。

图 4-7　马涧花园与周边用地关系

图 4-8　香山花园在市区的位置

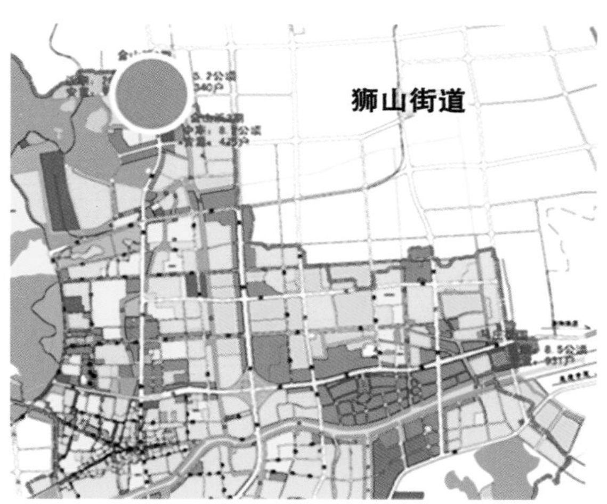

图 4-9　金山浜处于居住用地边角料

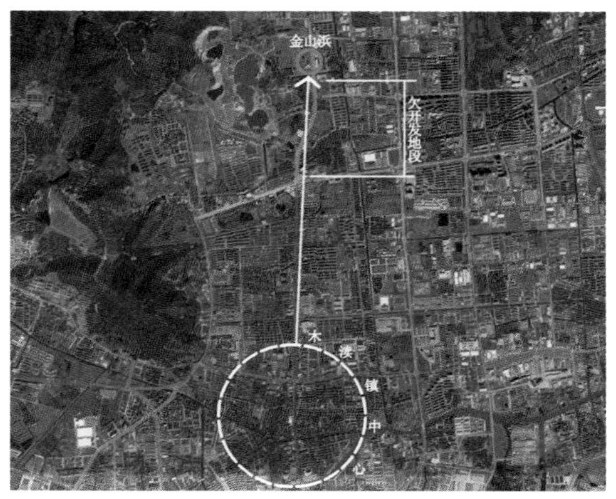

图 4-10　金山浜与木渎镇中心区之间存在着大面积的未开发地段

（2）缺乏规划衔接。城乡一体化背景下的选址多半比较重视规划，但却可能出现土地和规划部门同时进行选址的情况。特别是由土地部门主导的选址规划往往仅考虑“增减挂钩”的操作性，而忽视了城镇整体结构的布局和发展，因此亟须“双规合一”。

（3）缺乏规划统筹。部分安置区虽然选址在规划镇区内，但一方面多处于镇区的边缘，相对缺乏中心区的公共服务辐射（图4-8）；另一方面由于未能统筹规划实施时序，无法保证配套公建和安置区的同步建设，使得从规划蓝图看，这些安置区虽选址科学、配套齐全，但实际在很长一段建设周期内，处于“无依无靠”的状态，如木渎金山浜（图4-9、图4-10）。

2. 选址问题二：缺乏持续生计考虑

从26个安置区的选址来看，普遍缺乏

"可持续生计"的考虑，从而导致农民在"洗脚上楼"的过程中造成"生活休克"。具体体现在选址过程中未考虑安置农民财产性收入和就业性收入增益两个方面。

前者多出现在"远城远镇"的安置区中，表现为"老人区"和"空楼区"现象。从调查研究来看，安置区离镇区或者工业区越近越容易出租房屋，能为农民带来一笔稳定、持续的财产性收入，有利于实现可持续生计。从26个安置区与镇区和工业区的空间距离来看（图4-11、图4-12），虽然大多安置区距离适中，便于出行，但是从房屋出租角度，40%以上的安置区离镇区和工业区的距离大于2km的"出租黄金距离"（图4-13、图4-14）。比如：太湖度假区香山花园离最近的镇区有7km，周边用地中除了小片工厂外无其他设施，这不仅导致了安置农民出行困难，更直接导致了小区内房屋出租率低下，难以为农民提供可持续的财产性收入。

后者则更为普遍，由于在选址中较少考

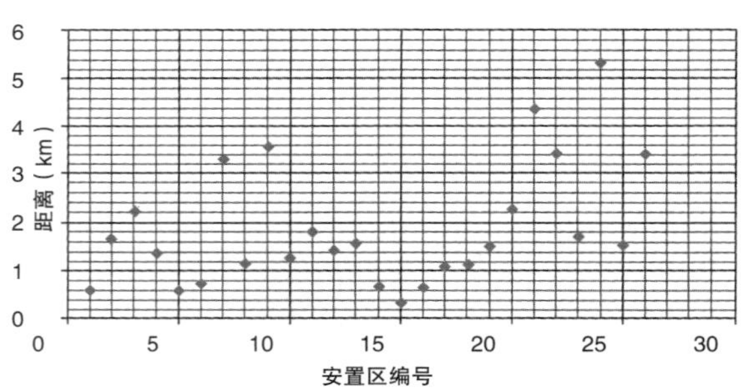

图 4-11　调查小区与最近镇区距离散点图

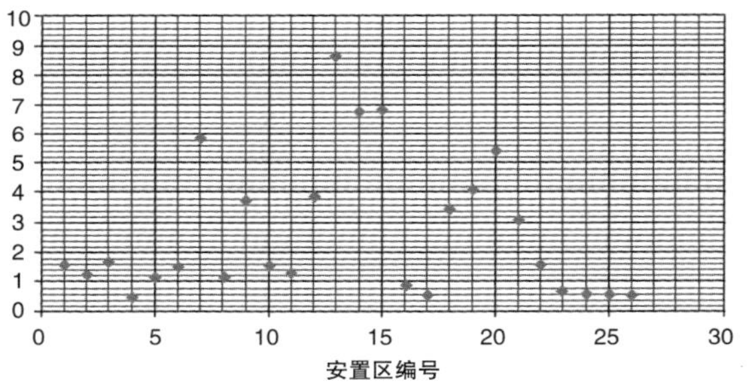

图 4-12　调查小区与最近工业区距离散点图

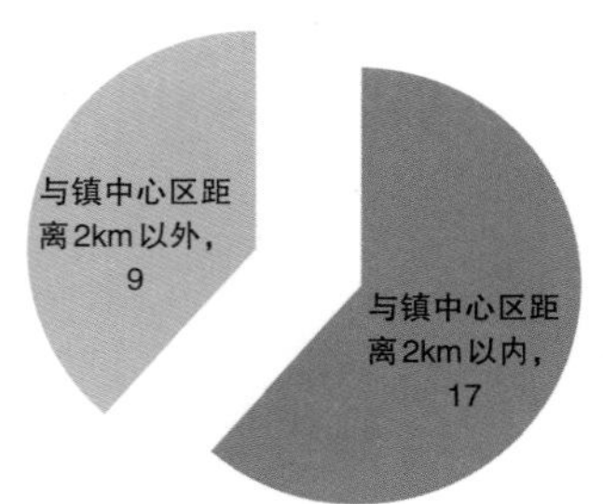

图 4-13　与镇区距离大于 2km 的小区比例

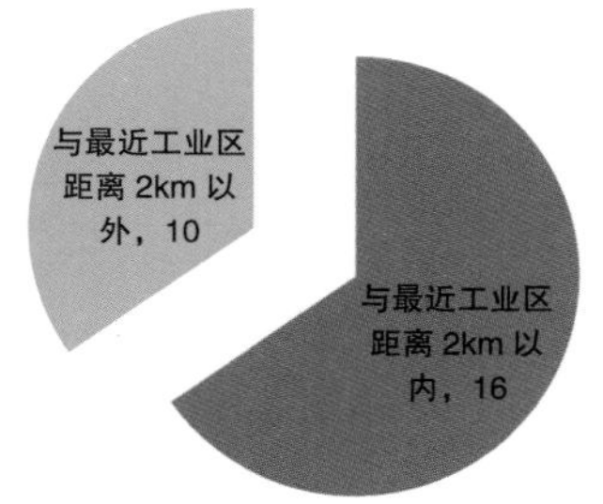

图 4-14　与工业区距离大于 2km 的小区比例

高科技产业园与这里的原住民几乎没有太多交集，农民们一辈子都很难进入这类高新科技企业工作，他们注定是被牺牲掉的一代。

——《苏州"通安事件"善后》

虑到就业的需要，加之即使毗邻产业区，但是由于科技型企业的引进，劳动力市场已逐步由体力型转向专业型、技能型，这就导致安置农民的就业难度越来越大，难以实现可持续生计。尤其是那些年龄偏大，文化程度不高，缺乏城市生存劳动技能的纯农业家庭农民，他们外出打工没企业要，自谋经营无人脉门路，办厂创业缺本钱资源，就业性收入增益较难实现，在城市的生存前景令人担忧，长此以往容易导致新的城市贫困，甚至引发社会问题。

3. 规模问题一：仅以拆迁安置需要为导向

城市居住小区的规模通常根据城市道路交通条件、自然地形条件、住宅层数、人口密度、生活服务设施的服务半径及配置的合理性等因素确定。一般，居住小区以设置一所小学可满足本小区儿童入学，以及小区内生活服务设施有合理的服务半径为小区的人口与用地规模的限度。相比较城市居住小区，农民集中安置区的规模则常常以拆迁安置的需要为导向，“要多大有多大、用多大是多大”，表现出很大的随意性与不科学性。

4. 规模问题二：用地和人口规模双重偏大

通过调查研究发现（图4-15、图4-16），农民集中安置区的用地与人口规模按照城市居住标准衡量，整体都偏大。

1）用地规模偏大

26个安置区平均用地规模达到34hm^2。其中大于20hm^{2}的占总调查安置区的63%，最大的阳山花园面积达125.6hm^2。此类规模的安置区，公共服务设施很难满足安置农民的正常使用需求。

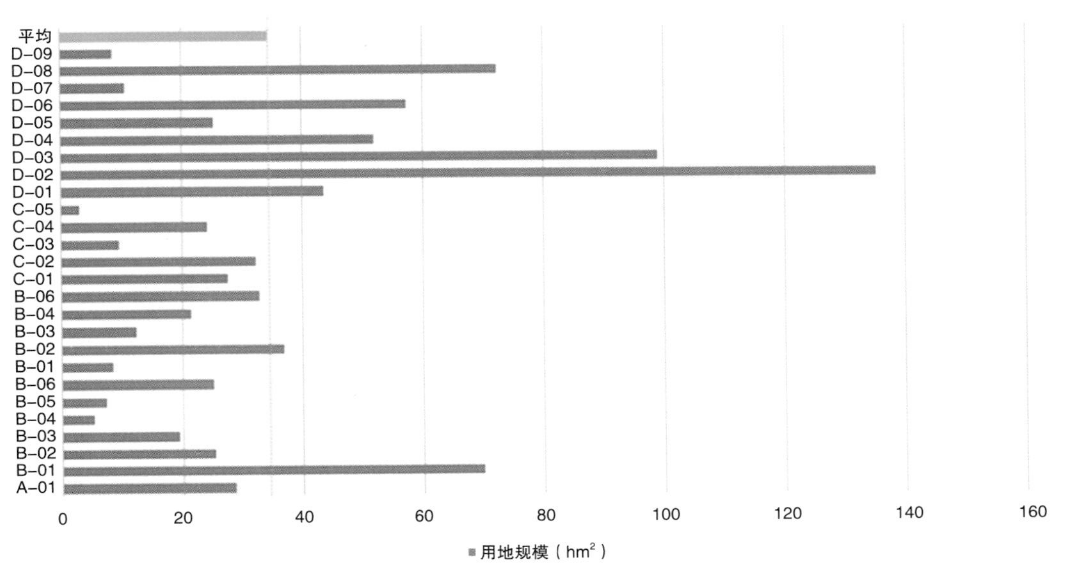

图 4-15　安置区用地规模调查统计图

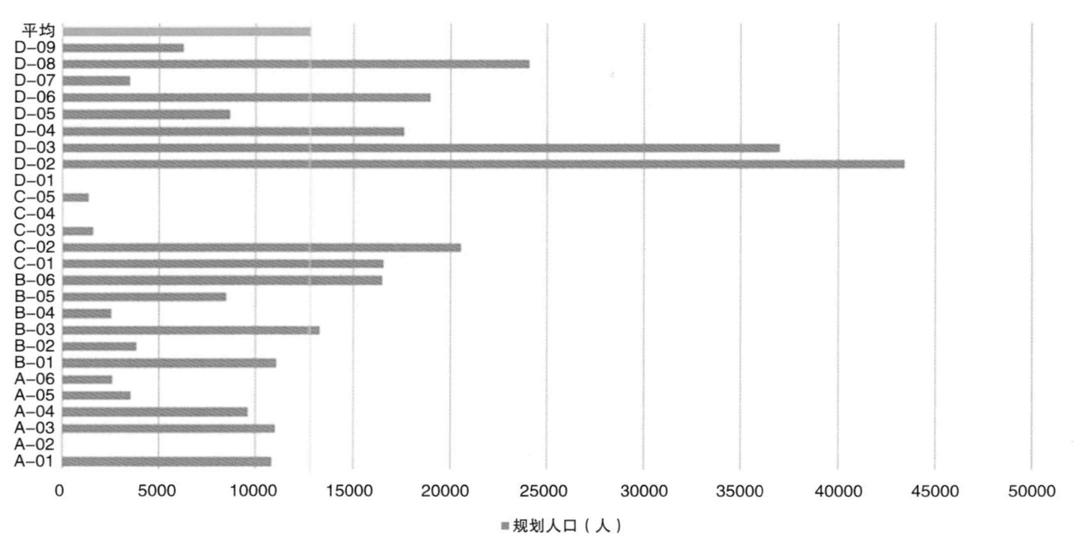

图 4-16　安置区人口规模调查统计图

2）人口规模偏大

6个安置区的人口规模整体偏大，具体表现在规划人口和实际居住人口两方面：

（1）规划人口

本次调查的26个安置区规划人口平均数达1.2万，其中规划人口超过1.5万人的超大型小区占总数的31%（图4-17）。

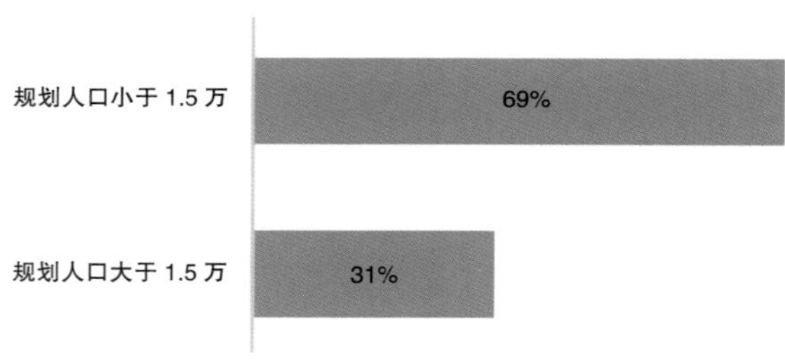

图 4-17　调查中大于 1.5 万人的安置区比例

（2）实际人口

受外来人口租住影响，26个安置区的实际居住人口规模大大超过了规划人口。以张泾新村一、二期为例，规划总户数为3032户，规划居住人口10000人左右。而事实上，2009年在张泾新村居住的外来租客已达26000人，现状小区居民人数为规划人数的3倍。超出规划人口的大量租住人口，其生活所需的公共设施和市政设施等都未得到合理的规划配置，而且外来租客的流动性强，过度聚集容易引发小区管理问题，甚至是社会治安问题。此外，数量众多的同质人口也容易孕育社会群体事件。

4.3.3　规划对策

在城镇发展过程中，安置农民的居住用地将占未来镇区新增居住用地的大部分。从城市的整体结构来看，安置区选址的合理与否将极大影响未来城镇居住用地的科学性与合理性。在认识安置区选址重要性的前提下，课题组建议加强规划部门对土地部门选址、镇村布局选址和安置区选址的协调，并全面贯彻“三靠”原则，通过镇区控制性详细规划予以法定。

1. 选址对策一：加强规划引领，保证空间正义

选址是农民集中安置区成功的第一步，合理的选址事半功倍，不合理的选择则回天乏术。因此，在安置区选址过程中要进一步加强规划引领作用。一方面加强衔接，将土地部门选址、镇村布局选址统一起来，并通过镇总体规划予以确认和落实。另一方面进行规划创新，建议有条件的镇编制住房建设规划，将商品房、保障性住房（可考虑新增城市化保障用房）、廉租房（可考虑外来务工廉租房与农民安置相结合）和农民集中安置区统筹考虑，最终通过镇区控制性详细规划予以法定。同时加强规划过程控制，科学制定建设实施时序。此外，充分发挥城市规划的公共政策属性作用，在选址过程中保证“空间正义”，避免选址边缘化现象。

2. 选址对策二：全面贯彻三靠，加强持续生计

在具体的规划选址工作中，要全面贯彻“三靠”原则，加强“可持续生计”在选址过程中的权重。

1）“三靠”原则的概念

（1）靠近城镇区原则：农民安置点选址尽量靠近城镇的已建区，不仅可以让安置农民共享城镇设施，而且促进安置房屋出租和升值。

（2）靠近工业区原则：农民安置点选址尽量靠近工业区。靠近工业区一方面有利于解决农民就业，同时也有利于出租经济的发展，提高农民财产性收入。具体安置距离详见表4-3。

选址中安置区与各类工业区的适宜距离表　表4-3

	安置区选址中与工业区的适宜距离（L_a）
一类工业*	$L_a \leqslant 7$km
二类工业	500m$\leqslant L_a \leqslant$7km
三类工业	1km$\leqslant L_a \leqslant$7km
特殊化工企业	视具体工业类别的卫生防护距离而定

* 考虑到安置农民与安置区租客的工作类型，不建议安置区选址时追求与一类工业区的联系。

（3）靠近专业市场原则：农民安置点选址尽量靠近专业市场。除了与靠近工业区有相同的作用外，靠近专业市场还可以给安置农民提供专业的创业平台，改善农民靠出卖体力来谋生的传统劳动方式。

2）“三靠”原则的内涵

在具体选址过程中，本课题引入经济学中的“房龙绳圈”研究“三靠”原则的内涵，并以镇为单位分类指导安置区的规划选址。如图4-18所示，AB、CD、EF分别代表“三

靠”原则，在“三靠”同时作用的条件下，绳圈面积越大，意味着选址效果越好。反之，作用力越少，面积越小，选址效果也相应减弱。在实际操作过程中，应针对不同类型的村镇采取不同的选址组合：重点镇由于综合实力较强，应采取a ~c；一般镇由于功能相对单一，应采取d ~f；新市镇由于以小城市为发展目标，则应采取g，以寻求最大的安置效果。

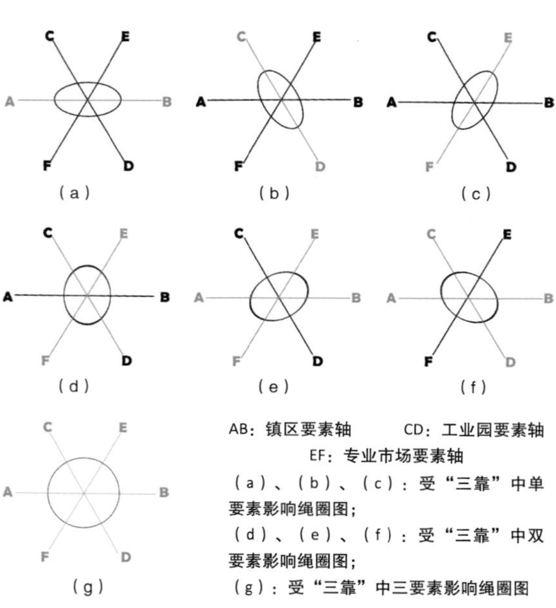

图 4-18 “三靠”不同要素组合绳圈图示

3. 选址对策三：培育功能升级，弥补选址不足

对于已经建设但选址不科学的安置区，可以通过“新村变新城”的方式，适当增加高层级基础设施与服务设施，培育功能升级跃迁，将一个或多个安置区因势利导转化为新城发展，以此弥补选址不足。如：高新区华通花园与阳山花园（图4-19），两个安置区总用地约2.5km^2，在配建基础设施与服务设施后，可形成规模大约3km^{2}的新城。由于其居住用地的比例较高，缺乏产业用地，在功能上可以定位为面向高新区中心区与通安镇区的半独立式居住型新城。

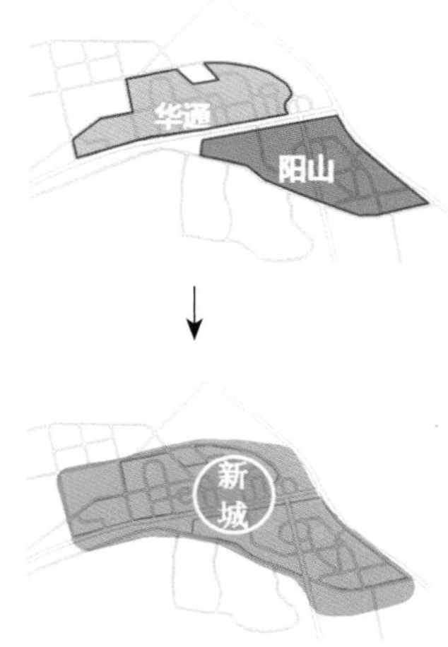

图 4-19 华通与阳山安置区培育功能升级图示

4. 规模对策一：大混小聚，转变规模导向

改变原来仅以拆迁安置需要为导向的农民集中安置区规模决定方式，逐步转向以“大混居、小聚居”为理念和导向（具体详见布局与结构章节），合理确定安置区规模。

具体转变如图4-20所示，原有的规模导向仅仅考虑安置需要，根据需要安置人口提供相应大小的用地，而且多是集中供地。而本课题建议将“规模导向”转向“混合居住”导向，将需要安置人口分散到几个混合社区进行安置，同时合理确定混合社区中农民安置区的规模。做一个形象比喻就是，原来的模式是有多少菜就做多大的篮子来装，而现在的模式是先基于混合居住的理念确定合理篮子的大小，再通过一个或几个篮子共同满足安置需求。

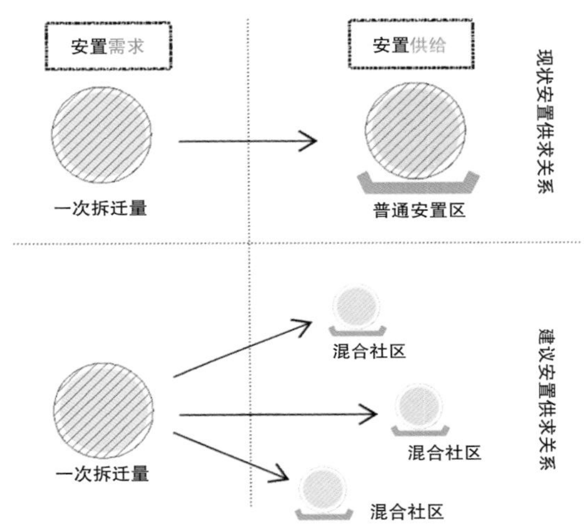

图 4-20　导向转变下，拆迁与安置的供求关系图

5. 规模对策二：双向互动，合理确定规模

基于“混合居住”的理念，本课题通过双向互动的方式探究农民集中安置区的合理规模：

1）从“城市融入”推导合理规模

首先，基于“城市融入”这个前提，农民集中安置区最后的发展方向是融入“城市社区”。从现有的城镇空间结构和城市社区管理来看，居住功能片区通常由若干“居住社区”构成（图4-21），每个居住社区规模4～6万人；一个“居住社区”由若干“基层社区”构成，每个基层社区规模1～2万人。

在“大混居、小聚居”的理念指引下，根据社区规划标准和实际建设需求，本课题建议以基层社区为基本的“混合社区”单元，即：一个居住社区分为几个基层社区（图4-22），其中一部分为混合社区，一部分为普通社区，每个混合社区的人口规模为1～2万人。

在每个混合社区中包含商品房、农民安置、廉租、公租等不同居住类型。参照密尔顿凯恩斯（Milton Keynes）的混合住宅比例（详见布局与结构章节）并结合国内案例研究，建议农民安置房的人口规模至少占居住总人口的20%。由此推导出一个农民安置区的人口规模大约为2000～4000人（图4-23）。

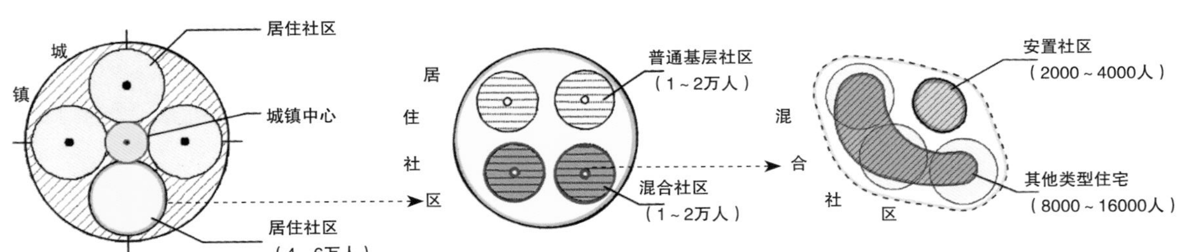

图 4-21　城镇空间构成图

图 4-22　居住社区内部空间构成图

图 4-23　混合社区内部空间构成图

2）从安置需求校核安置规模

从混居角度推导出2000～4000人的农民安置区合理规模后，本课题以理想模式进行校核：首先，苏州农民集中安置通常采用整村搬迁的形式，这种方式有利于村集体管理机制向社区管理机制的转变，也有利于村民邻里关系的延续。据本课题调查了解到苏州地区村庄的最小人口规模为2000人左右。也就是说理想状态的农民安置区人口规模应该至少满足整村搬迁的人口下限需要，而上述推导基本满足。

综上所述，本课题建议农民安置区的合理人口规模为2000～4000人。在此基础上推算用地规模如下：以普通城市住宅区的人口密度衡量，2000～4000人口规模的多层住宅区一般需要7～13hm²用地（人口密度取300人/hm²），同样人口规模的高层住宅区一般需要4～8hm²用地（人口密度取500人/hm²）。本课题调查发现农民安置的人均住宅面积约60m²，这使安置区的规划人口密度低于普通城市住宅区。以多层和高层安置区容积率分别为1.2和2.0的假设推算，规划多层安置区的人口密度约200人/hm²，规划高层安置区的人口密度约333人/hm²。在上述安置区的人口密度要求下，2000～4000人口规模的多层安置区需要用地10～20hm²，同样人口规模的高层安置区需要用地6～12hm²（表4-4）。

农民安置区推荐人口及用地规模表　　表4-4

		规划安置区
人口规模		2000～4000人
用地规模	多层	10～20hm²
	高层	6～12hm²

6. 规模对策三：化大为小，消解规模问题

对于已经建成的超大规模的农民集中安置区，可以道路、绿化、水域等为硬界线，以居委会管理界线、小区级设施服务范围、新型小区中心范围为软界线的方法“化大为小”，以此消解规模过大带来的问题。如：以高新区华通安置区为例（图4-24），可以上述“软”“硬”界线的方式将其“化大为小”成5个安置小区。这几个小区平均用地均小于20hm²，人口少于1万人。虽然未达到安置区的理想规模标准，但相较之前各方面都会有比较明显的改善。

图4-24　华通“化大为小”案例

4.4　空间规划研究——布局结构

布局结构是城市住区规划的核心内容，

也是规划工作的统领和灵魂，没有好的布局结构就没有好的空间形态。对于农民集中安置区，布局结构不仅是空间规划的重点，同时更是空间规划潜在的创新点。

4.4.1 现状概况

通过调查研究发现，苏州农民集中安置区的布局结构较为单一，可以概括为“均布型”、“单极型”与“混合型”三种类型。

1. “均布型”布局结构

此种类型的布局结构与其称作“均布型”，毋宁说是“没有布局结构的布局结构”，从空间形态上来看呈现出“兵营式”特征（图4-25）。这类安置区通常规划建设于快速城市化阶段，是单纯以安置为导向，片面追求公平均好，方便快速操作的时代产物。普遍具有缺乏公共服务、空间环境呆板等缺点。在26个安置区样本中，有11个属于“均布型”结构。

图 4-25 “均布型”布局

2. “单极型”布局结构

此种类型的布局结构与“均布型”的最大区别就是有了核心的设置。通常核心的设置为单核心，并随着安置区规模的变化而相应变化，除此之外在空间形态上与“均布型”较为类似，可以理解为“均布型”的改良版（图4-26）。在26个安置区样本中，有4个属于“单极型”结构。

图 4-26 “单极型”布局

3. “混合型”布局结构

此种类型的布局结构为“均布型”与“单极型”的综合。在26个安置区样本中，有11个属于“混合型”结构。

4.4.2 问题分析

从上述三种结构布局类型来看，或是没有结构，或是简单仿效城市居住区结构布局，缺乏针对农民安置区特点的创新。具体说来，抛开“均布型”结构不谈，“单极型”和“混合型”结构都是简单仿效传统城市居住区“居住区—居住小区—居住组团”三级结构而来，并且在仿效过程中为了满足安置实际需要，人为减少了公共服务及空间结构的等级（图4-27）。

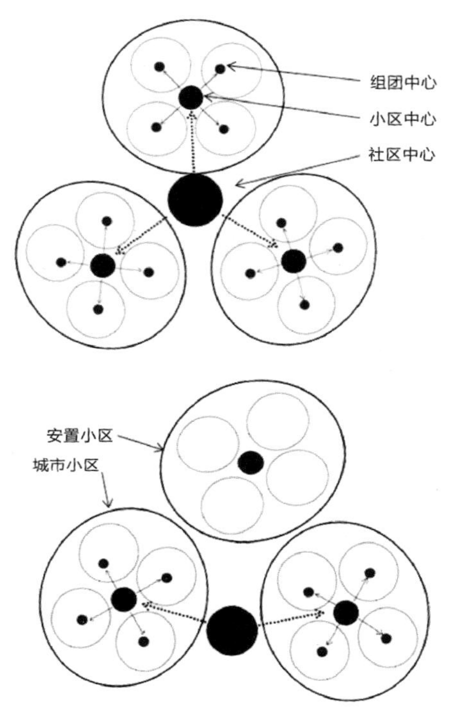

图 4-27　城市居住区的三级结构被简化

随着市场经济的发展，传统城市居住区的三级结构已经不再完全适应我国城市住区建设需要，暴露出诸如功能分离，效率低下，降低城市交通系统效率，居民选择性弱，破坏城市生活多样性等问题。目前除了城郊大型社区尚会采用此结构进行规划布局外，一般的城市商品化住区已很少按照三级结构进行建设。更何况农民集中安置区规划中套用的还是不健全的布局结构，存在问题也就可想而知了。具体包括：

1. 简单模仿，公共服务严重缺失

传统的居住区“三级结构”是基于树形的理想架构，无论是居住区、居住小区还是组团的空间边界都较为独立，同时强调每一级别公共设施配建的完整性。但是农民安置区在“模仿”这个结构的过程中，往往为了安置更多的人口，丢掉了某一层级结构和公共服务设施。比如：有的安置区相当于居住区规模，但是只有组团作为单一的结构；有的安置区相当于居住小区规模，却没有组团级别的结构存在和公共服务设施配建……这就导致了农民安置区由于级别结构缺失，在空间形象上单调呆板，在公共服务上配建不足。

2. 针对不强，生活习惯考虑较少

生搬硬套居住区“三级结构”的另一弊端是没有考虑到安置农民特有的生活习惯，虽然出发点都是基于改善安置农民生活环境的良好愿景，但实际上往往“事与愿违”。例如：在规划中往往按照等级结构把大量绿地和公共空间集中布置在居住小区的核心，组团及以下较少分布，但由于大多数居民仍然保持着原有的生活方式，习惯于在宅前楼下活动，小区中心绿地和公共空间实际使用效率较低，组团等基层绿地或公共空间不足。

3. 应对不足，影响城市融入进程

传统居住区“三级结构”的主旨之一是避免过多交通穿越，同时加强住区单元独立性，以满足居住安全需要。但从心理学“认知”的范围来看，无论是哪一级结构，其规模都较大，不利于构成密切的邻里关系。农民安置区采用这样的结构布局，将进一步放大这一“弊端”——不仅导致布局结构和空间尺度较农民安置前的传统村落相去甚远，缺乏亲切感和融入感；而且还阻隔了长期处于“熟人社会”的农民在安置后的正常交往和社会融入。

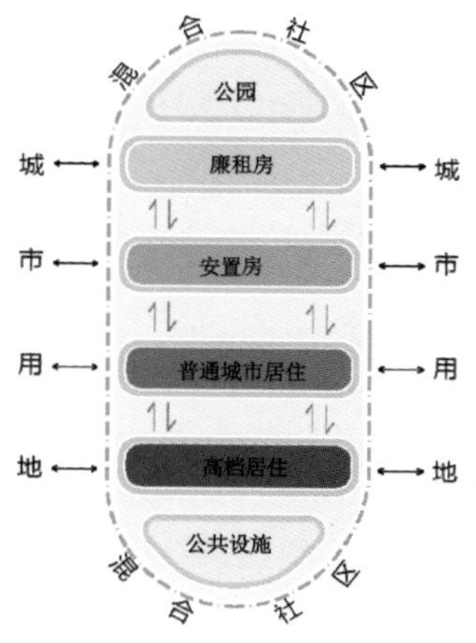

图 4–28 混合模式示意图

4.4.3 规划对策

农民集中安置区是不同于城市居住区的一种特殊类型住区，其布局结构有其自身的特点与诉求。在宏观上既要融入城市，又要自成体系；在中观上既要满足安置刚性需求，又要提高安置区综合品质；在微观上既要考虑乡村生活的延续，又要满足城市生活的引导。因此面向城乡一体化过程中的农民安置，亟须形成具有针对性与创新性的集中安置区空间布局结构。

针对农民集中安置区存在的问题，本课题跳出“农民集中安置区”的空间范围，从宏观、中观、微观三个层面系统构建结构布局体系。在布局研究中，本课题建议针对部分新建安置区可采用混合的安置模式（图 4–28），但不针对所有的安置区。

1. 宏观层面，引入混合社区

1）混合居住的概念引入

“混合居住”的概念起源于20世纪70年代社会隔离背景下的西方城市，主要是指不同特性的居民在城市中融合居住在一起。基于社会和谐的理想，“混合居住”模式旨在邻里层面形成相互补益的社区，尤其对于低收入群体来说，能使之不至于被排除在城市主流社会生活之外，因而被认为是解决不同阶层居民交往，缓解贫富分化的有效方法。[1] 鉴于农民集中安置区的特点，本课题借鉴美国住房与城市发展部（HUD）的发展策略、不同收入阶层混合居住模式，以及法国政府以“贫富混居”为主要解决方案的“城市更新计划”，在构建宏观层面结构布局时引入“混合居住”理念，简单说来就是“大混居，小聚

[1] 单文慧. 不同收入阶层混合居住模式——价值评判与实施策略[J]. 城市规划，2001（2）。

居”，或是“邻里同质，社区混合”。即：在社区层面提倡混合，农民集中安置区（以安置小区为最小单位）与城市各类型住宅区组合布局；在小区层面提倡集聚，形成不同的小区单元，保持小区间的开放性以及与城市的融合。

2）国外成功案例的借鉴

早在20世纪初，霍华德田园城市理论的追随者昂温及其助手帕克便于1905～1909年在伦敦的西北部建设了汉普斯特德田园式城郊住区，这是创造“社会性综合社区”的一个成功实验，是当时英国在规划设计方面的重要成就，也是混合居住模式的一个最初实践。多年来，混合居住模式更是得到了不同程度的倡导与实践。位于伦敦附近的米尔顿凯恩斯就是一个很好的例子（图4-29），它是20世纪规模最大的新城开发项目之一，也是英国最后一批第三代新城。

从社区的平面构成图中可以看到米尔顿凯恩斯为棋盘式的都市规划结构，新城范围内居住地区和就业地区相互配套地耦合式分散布局，使人们可以便捷地进入工作区，达到交通组织的平衡。米尔顿凯恩斯的居住区中低价位与中价位住宅各占1/3，出租的住宅也占了很大一部分，高档住宅所占的比例比较少（表4-5）。[1]在实现社会平衡和多样

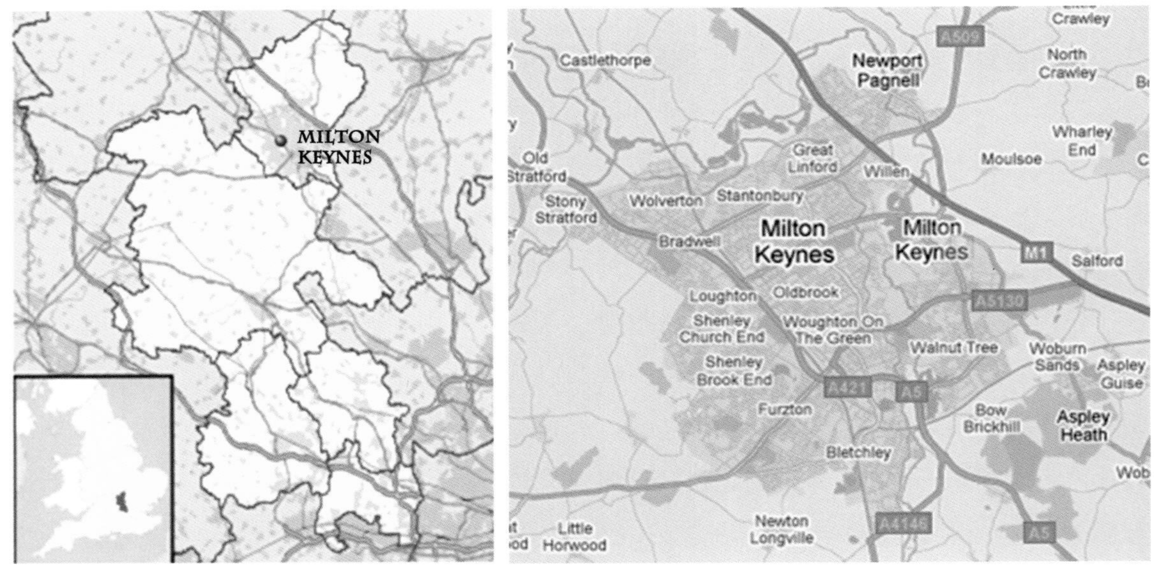

图 4-29　米尔顿凯恩斯区位图

[1] 刘爱林. 混合居住于构建和谐城市研究[D]. 武汉：华中师范大学，2008。

化方面，通过混合居住，消除社会隔离来达到目标[1]，尊重各个不同收入层级的居民。因此住宅社区规划可看到老人住宅、劳工住宅或者昂贵及便宜等多类住宅单元并存（图4–30）。

米尔顿凯恩斯两个混合街区的不同住房比例 表4–5

项目	Sheniry Church End	Grown Hill
出租／共有住宅	388（28%）	383（39%）
低价位住宅	484（35%）	370（38%）
中高价位住宅	422（30%）	139（14%）
独立别墅住宅	93（7%）	90（9%）
总计	1387（100%）	982（100%）

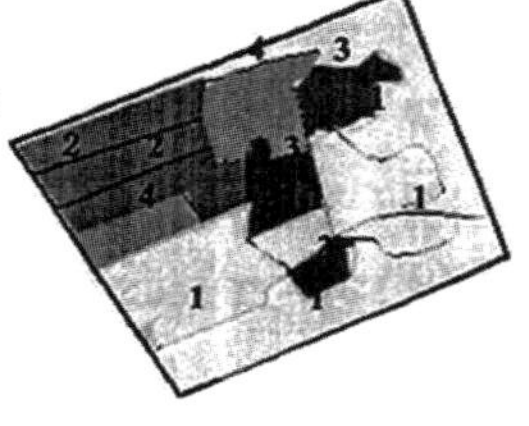

图4–30 米尔顿凯恩斯社区的居住混合布局

3）苏州类似案例的雏形

伴随着城市化过程与城市用地的开发更新，苏州部分农民集中安置区与周边用地也形成了一种“准混居”的形式。这种“混合社区”包含不同层次不同类型的居住单元、大型公共服务设施和便利的道路交通。比较典型的是苏州高新区马浜花园：马浜花园为农民集中安置区，与周边的住宅及服务设施初步组成混合社区的雏形。在这个混合社区中包括安置小区、普通小区、别墅小区、商业设施、公园等用地，在社区周边有汽车专业市场、高等院校、菜市场等公共服务设施。在结构比例上安置小区占总社区面积的26.7%，别墅小区占2.5%，基本接近于米尔顿凯恩斯的构成。虽然在安置初期，马浜花园同样具有农民集中安置区的各种“通病”，但是通过“自组织”的混合居住，如今马浜花园在农民市民化及城市融入方面与同期其他安置区相比较，速度较快，程度更高（图4–31）。

4）混合社区的布局结构

本课题秉承“混合居住”理念，在宏观上跳出农民安置区的空间概念，从更大的范围尝试构建“混合社区”，形成如下布局结构：

（1）城镇—居住社区

城镇的居住单位为居住社区，一个城镇通常包括若干居住社区，每个居住社区包含若干基层社区（图4–32）。

（2）居住社区—混合基层社区

在构成一个居住社区的基层社区中，挑选条件合适的规划为混合基层社区，其余为普通基层社区，混合基层社区的数量由安置需求决定（图4–33）。

[1] 王唯山. 米尔顿凯恩斯新城规划建设的经验和启示[J]. 国际城市规划，2001（2）

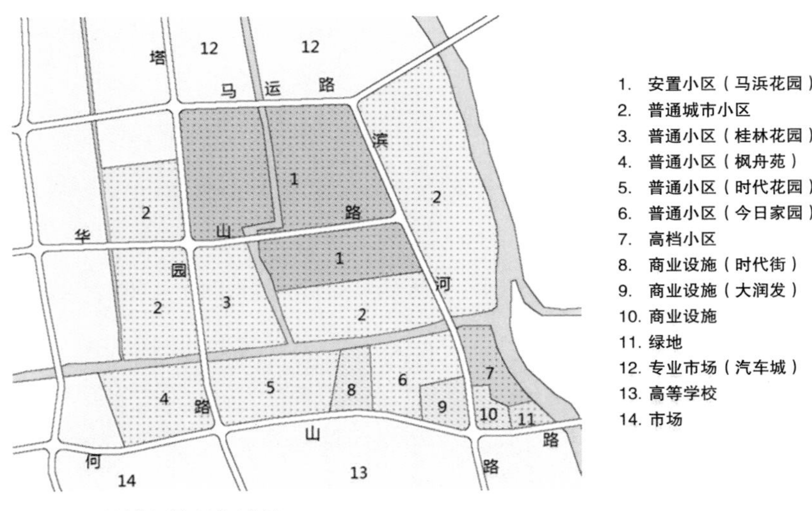

图 4-31 马浜花园周边社区布局

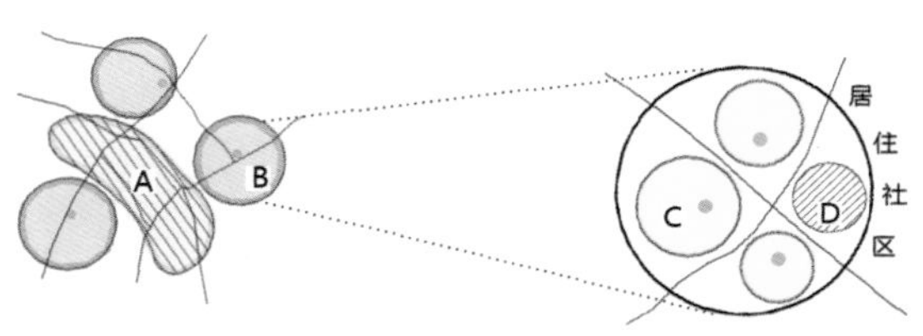

图 4-32 “城镇—居住社区”布局

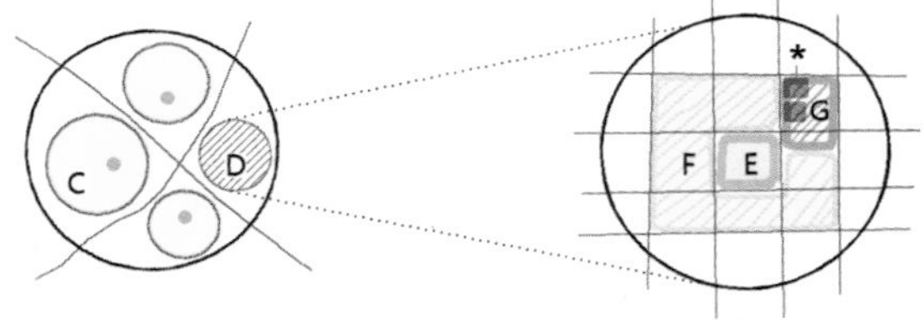

图 4-33 “居住社区—混合社区”布局

（3）混合基层社区—农民安置区

在一个混合基层社区中，按合适比例规划设置农民安置区和商品住宅区、廉租住宅区，同时出于“可持续生计”考虑，规划设置“集中出租公寓”、“对外出租物业”和“自主创业坊”等（图4-34、图4-35）。

集中出租公寓——针对农民安置区出租现状需求、可持续生计考虑和租户管理的需要，在相对独立地块规划建设集中出租公寓，以此满足上述要求同时减少外来租住的影响。

对外出租物业——为提高农民财产性收入，结合混合社区中心规划设置对外出租物业，产权属于集体经济，租金按安置农民的股份比例分配。

自主创业坊——基于强化就业安置考虑，鼓励安置农民根据自身的条件进行创业。自主创业坊属于混合社区所有，可采用出租的方式经营，对安置农民可免去租金或降低租金。

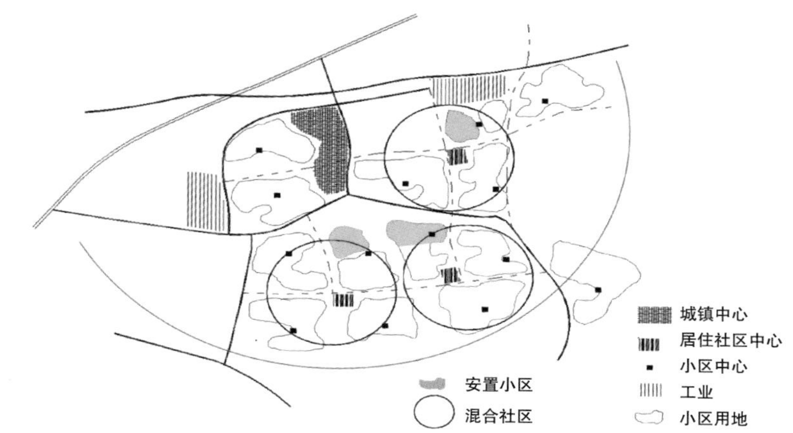

图 4-34　城镇层面混合社区用地模型图示

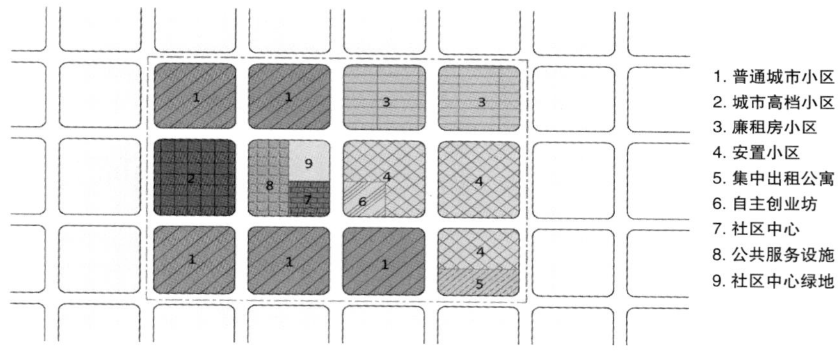

图 4-35　社区层面混合社区用地模型图示

2. 中观层面，形成双层中心结构

本课题针对既有农民安置区均布结构和单极结构的问题，在中观层面一方面贯彻“混合居住”的理念，延续深化“混合社区”的结构布局；另一方面完善自身，形成双层中心的结构布局。

1）从单极转向双层中心结构

课题组建议把农民安置区的单极结构转变为双层中心结构（图4-36），设置明显的组团中心，配建相应的商业与公共服务设施，并为组团居民的公共生活提供必要的平台，方便安置农民间的交流互动，从而形成一个和谐稳定的居住氛围。主要出于以下两方面的考虑：

（1）从安置农民的实际需要来看，仅仅一个中心很难满足使用要求。通过问卷调查发现，对于过惯了“自给自足”生活的安置农民来说，更愿意把日常消费范围控制在较

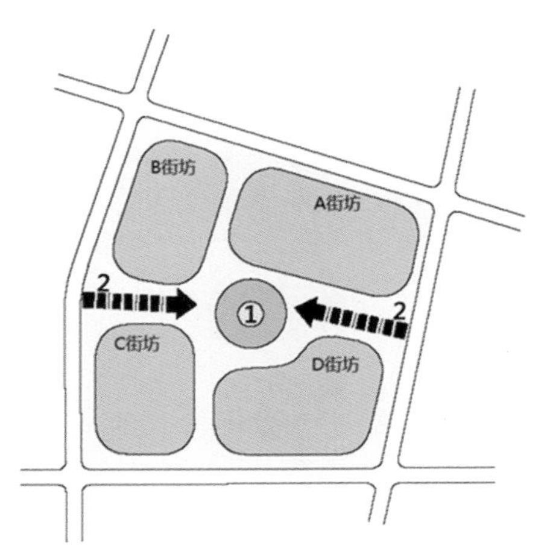

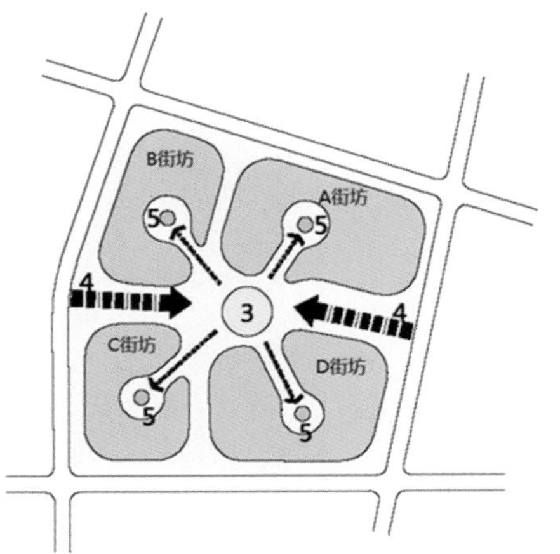

1. 小区中心
2. 小区入口及结构轴线
3. 小区中心
4. 小区入口及结构轴线
5. 组团中心

图 4-36　单中心转化为双层中心

小的范围（组团）之内。因此有必要在单极之外加强组团中心的设置和建设。

（2）考虑到安置农民传统领域感的延续，表现为对既有村庄中村小组认同感强烈。课题组发现，即使在迁入安置区后，部分农民仍然只愿意和原小组的农民交往。在农村，一般一个小组的人口从几十户到一两百户不等，这与安置区中的一个组团的规模相当，所以应该因势利导，合理规划组团规模并加强建设。

2）宏观布局结构的延续和深化

课题组根据宏观层面的布局结构并结合国内外案例，形成中观层面的布局结构如下。如图4-37，安置区内布置8个组团，每个组团的人口约为400人，用地面积为1～2hm²，其中一个组团用于布置集中出租公寓，其余为安置居住。安置区中心结合小区绿地设置，每两个规模相当的组团中间设置组团中心。除此之外还增设以下内容：出租商业、自主创业坊、老年人公寓。

集中出租公寓的布局形式可分为“小集中”和“大集中”两种。其中，“小集中”是指集中出租公寓设置于安置区地块内，若周边有工业用地，则设置于靠近地块，避免工业区租客长距离穿越小区。“大集中”是指将分散于各安置区中的出租公寓集合在一处设

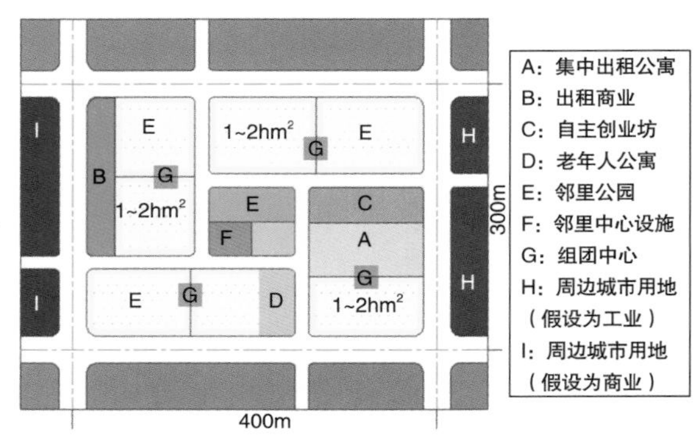

图 4-37　中观层面安置小区空间模型

置（图4-38），或是结合混合社区中的廉租房，设置成面向城市的出租组团；或是结合工业区的打工楼进行建设，设置为蓝领公寓。

出租商业有别于小区中心的商业设施，出租商业面向城市服务，应将其设置于靠近城市商业用地一侧并沿城市次干道，以求其后续效益的最大化。出租商业可以单独设置，也可以结合出租公寓设置为“商住”形式的出租单元。

自主创业坊的布置应考虑减少创业活动对居民生活的干扰，将其设置于靠近小区主干道一侧，便于其与小区外的联系。

老年人公寓不宜设置于靠近城市商业或者工业区的一侧，避免周围环境对老年人公寓的影响，并且尽量靠近小区中心，利于老年人参加小区活动、使用小区设施。

组团中心的设置可在每个小区单元都设置，但考虑到次中心的设施内容增加，也提倡临近的小区单元尽量共享组团中心，提高次中心的使用率。

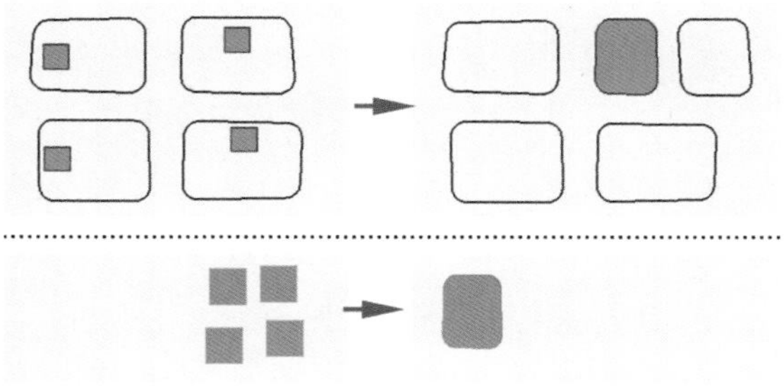

图 4-38　将分散的出租公寓“化零为整”，设置成出租组团

3）微观层面，回归居住传统

微观层面的重点还是要回归和延续农民的传统空间习惯。从长远来说，安置农民应该融入城市转化为市民，安置区的空间布局应该趋同于普通城市住宅区。但这种转变不能一蹴而就，农民在生活方式和传统空间观念方面向市民的转变需要一定时间。因此，我们需要为安置农民提供相对熟悉的居住环境，为他们向市民的转化提供心理过渡与缓冲。简而言之，安置区内的空间结构需要保留一部分传统农村空间感。

苏州传统农村呈现“中间大、两头小”的特征（图4-39），村庄的迎客面较小，对外的开敞性不强。村庄对外道路通常只有一条，这导致村外与村内的空间划分明显。如图4-40所示，进入村子存在着有趣的序列空间。从交通干道进入村庄的乡间小路时，就开始进入了村子的公共空间。当过了小桥，进入村落，空间开始过渡到另外一个层次，这时候村子的领域感就非常强烈了。过了桥，

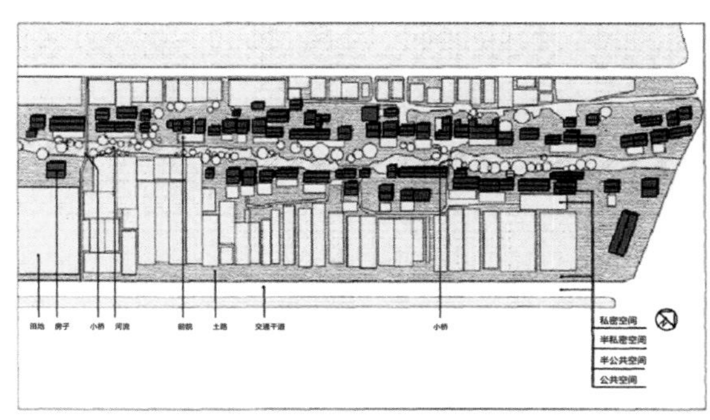

图 4-39　苏州传统的村庄布局

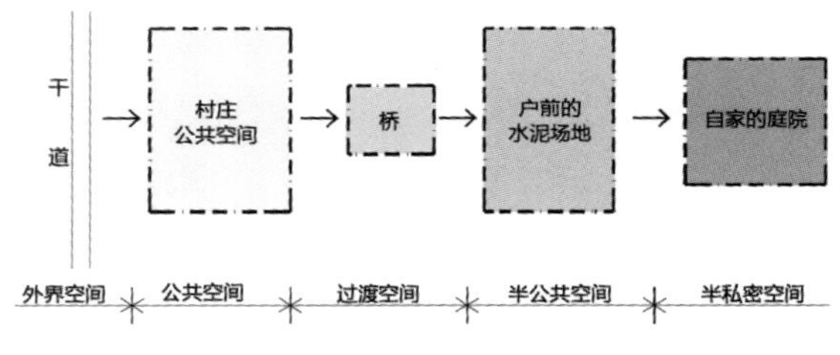

图 4-40 苏州传统的村庄空间序列

在室外活动的居民会注意到有外来者进入他们的领域，并产生好奇甚至警觉。村落的每家每户门前都铺着水泥的场地，有的几户居民水泥场地相互连通，以一道划线区分领域范围，有的则与其他人家分散开来。水泥场地是平时村民用来聊天拉家常的“半私密空间”。而相对水泥场地，那些前院之间的土石地就是居民的“半公共空间”。

考虑到农民对传统领域感较强的认同度，因此建议在微观层面延续传统的空间形式（图4-41）。以普通的安置区组团为例，结合传统空间需要做一定调整：一是将与主干道相连的出入口从2个减至1个，并对进入道路适当处理，使道路从小区进入组团时富有变化，以此形成过渡空间。二是适当降低组团建筑密度，在组团中间设置组团中心，为安置农民提供组团内部的交流活动场所。微观层面的布局调整尚需结合下述的居住建筑群体布局一并探讨。

4.5 空间规划研究——居住建筑

本课题将居住建筑的研究分为两个层面进行：其一，是建筑群体层面，主要指住宅群体平面组合的形式；其二，是建筑单体层面，包括居住形式、住宅套型及立面形式等。

4.5.1 现状概况

基于对苏州农民安置区的调研，课题组将收集的资料进行梳理总结，见表4-6所列。以2008年试点实行城乡一体化为时间分界，在此之前建设的安置区，其建筑形式以多层住宅为主，少部分存在联排别墅或高层住宅等形式，多采用行列式布局，容积率相对较低，在1.0～1.3左右（但也存在少数为满足高

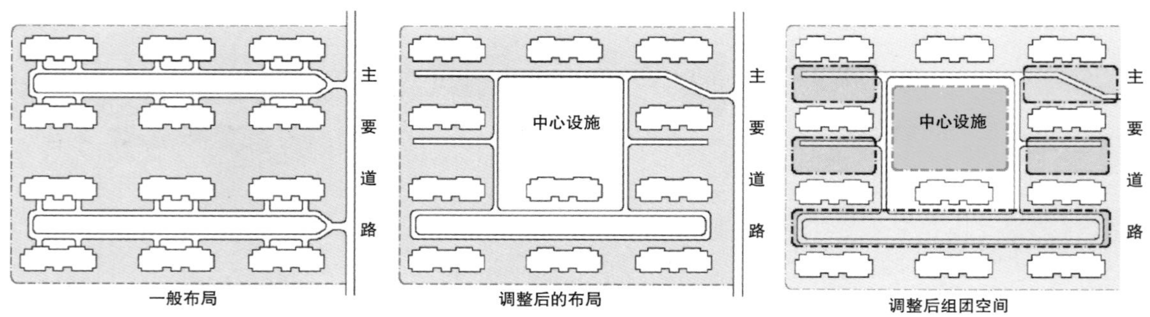

图 4-41 对典型安置组团的布局调整图

26 个安置小区居住建筑现状统计表　　表 4-6

小区名称	建设年代	容积率	建筑形式	布局形式
张泾新村	2003		多层	行列式
马浜花园	2004	1.58	多层	行列式
马涧小区		1.03	多层	行列式
华通花园	2005	1.10	多层	行列式
阳山花园		1.11	多层	行列式
阳澄花园	2006	1.65	多层、联排	行列式
玉盘家园			多层	行列式
馨乐花园		1.30	多层、联排	行列式
新浒花园		1.37	多层	行列式
龙景花园		1.02	多层	行列式
新思家园一期	2007	1.05	多层	行列式
吴淞江新村		1.32	多层、高层	行列式*
青剑湖花园	2008		多层、高层	行列式
夷陵山小区		1.62	多层、高层	混合式
金山浜花园		1.67	多层、高层	行列式*
滨江苑		1.80	高层	混合式
浪花苑		2.34	高层	混合式
安元佳苑		1.60	高层	行列式*
尹东小区	2009	1.77	多层、高层	行列式*
沈周小区		2.71	多层、高层	混合式
蠡墅花园		2.13	多层、高层	混合式
金色家园	2010	1.11	多层	行列式
新民苑		1.12	多层	行列式
金运花园		1.59	多层、高层	混合式
圣堂小区	尚在建设	2.27	高层	混合式
新主城		2.32	高层	混合式
新思家园二期		2.03	高层	行列式*

安置率而采用了偏高的容积率）。2008年后建设完成的安置区，其建筑形式以多层住宅与高层住宅结合布置为主，混合式布局比例上升，容积率也相应提高，多在1.6以上；尚在建设的安置区则由于规划设计理念的提升，建设标准已趋近于城市商品房，表现为以高层住宅为主或多种建筑形式混合布局，容积率基本在2.0以上。

1. 建筑群体

安置区中居住建筑的群体组合形式主要有行列式与混合式两种（表4-7）。统计发现，2008年以前，全部的安置区都采用了行列式布局，且普遍呈现为平行布置的形式；2008年后，采用混合式布局的比例显著增长，且此时的行列式排布与之前相比也有了较大变化。总体而言，26个安置区中约七成采用

安置区居住建筑群体组合形式分类表　　表 4-7

行列式布局		实例	
平行式		马浜花园	华通花园
错落式	跟随路网形式	金山浜花园	尹东小区
	变化建筑间距	新思家园	尹东小区
	成组改变朝向	金山浜花园	吴淞江新村
混合式布局		实例	

行列式布局，其余则为混合式布局。

1）行列式布局

居住建筑采用行列式布局，有利于绝大多数居室获得良好的日照与通风。对于安置

区而言，可以提供均好、均质的居住环境，减少住宅分配时可能产生的矛盾。

按照平面形式的不同，行列式布局又分为平行式与错落式两类。在调研的安置区中，约有52%采用了平行行列式布局，住宅均质密布，平面构成形式简单。这些小区包括：张泾新村、马浜花园、马涧小区、华通花园、阳山花园、阳澄花园、玉盘家园、馨乐花园、新浒花园、龙景花园、新思家园一期、青剑湖花园、金色家园和新民苑等。其中除青剑湖花园、金色家园和新民苑以外，都是2008年之前建成，以多层住宅为主。青剑湖花园虽为多层与高层住宅混合，但两者分隔明显，且各自都呈现均质的平行行列式布局特征；金色家园和新民苑虽建设年代较晚，但均为典型的多层住宅平行排列的布局形式。

采用错落行列式布局的安置区约占18%，主要包括：吴淞江新村、金山浜花园、安元佳苑、尹东小区以及新思家园二期等。除吴淞江新村外，其余均在2008年后建设或尚在建设中。这些小区虽有多层、高层两种住宅形式，但两者都采用了板式，层数差异较小，且住宅布局多采用跟随路网形式，变化建筑间距，成组改变朝向等方式，打破了平行行列式布局单调的空间形态，丰富小区景观层次。例如，木渎镇金山浜花园三期四号地块的规划设计中，通过错落的高层建筑结合景观设计营造出了丰富的室外空间环境。

2）混合式布局

混合式的居住建筑群体平面组合形式不仅具有行列式布局的优点，如良好的采光和通风环境，并且与行列式布局相比更有利于组织小区公共绿地及游憩场所，有利于形成丰富的空间序列，提升了小区的整体品质。

在26个安置区中，约有30%采用了混合式布局，具体包括：夷陵山小区、滨江苑、浪花苑、沈周小区、蠡墅花园、金运花园、圣堂小区以及新主城等。这些小区大部分建于2008年以后或尚在建设中，住宅形式为多层、高层建筑混合，或板式、点式高层建筑混合。例如，吴中经济开发区蠡墅花园天怡苑，小区平面为多层、板式高层与点式高层的混合布局：中央是27层的点状高层住宅，西北向布置12～16层的板式高层住宅，南向则布置了6层的多层住宅。

2. 建筑单体

本次研究主要从平面户型与立面形式两方面分析住宅建筑单体的现状情况。

1）住宅平面户型

（1）住宅标准层

所调研的安置区中，标准层住宅套型面积搭配较为固定，一般提供40m²、60m²、80m²、90m²、100m²、120m²、140m²等选择，并且以平面套型为主，鲜有复式或跃层。如图4-42所示，套型面积主要集中在60m²和120m²，两者分别占25.8%和19.7%；其次是

90m²和100m²的套型面积，比率各占15.2%。可见，目前安置区的标准层以中、小套型为主。

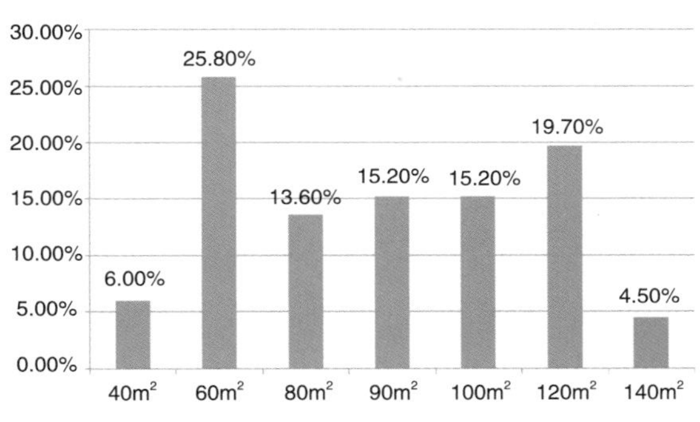

图 4-42　26 个安置区套型面积分布统计图

调研发现，许多农民常常将自家多余的住房自行隔断后出租，以获取更多财产性收入。对问卷调查进行统计（表4-8），有46%的住户在回答“用于出租的住房每套大约多大面积”时选择了60m²的户型；在回答“出租的住房是什么套型较好”时，有42%的住户选择了2室1厅1卫，这种套型类型与60m²的套型面积正相匹配。

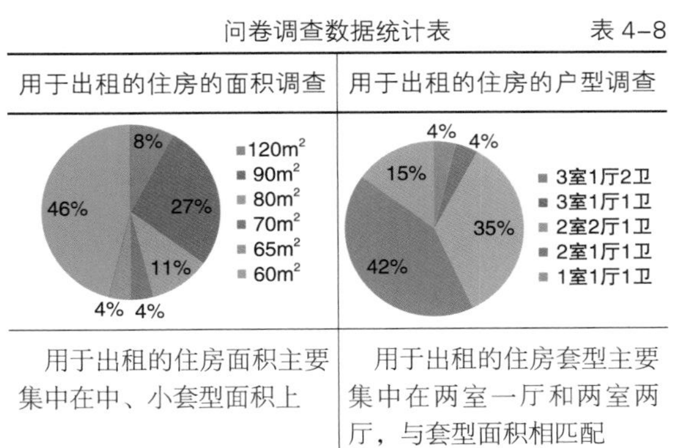

问卷调查数据统计表　　表 4-8

用于出租的住房的面积调查	用于出租的住房的户型调查
8%；27%；11%；4%；4%；46% ■120m² ■90m² ■80m² ■70m² ■65m² ■60m²	4%；4%；15%；35%；42% ■3室1厅2卫 ■3室1厅1卫 ■2室2厅1卫 ■2室1厅1卫 ■1室1厅1卫
用于出租的住房面积主要集中在中、小套型面积上	用于出租的住房套型主要集中在两室一厅和两室两厅，与套型面积相匹配

此外，安置区中相同的套型面积往往会提供1～2种不同户型以供选择。

（2）住宅底层

安置区住宅底层设计时一般是作为非机动车库（或储物间）使用。多层住宅底层车库分为室外设门与楼道内设门两种形式。门设在室外的安置区有高新区华通花园、浒墅玉盘家园等；门位于楼道内的有木渎馨乐家园、唯亭张泾新村等。而像吴中区天韵苑、天逸苑这样的高层安置区，非机动车库多设于地下层。

在多层小区中，除管理严格且车库门设在楼道内的馨乐家园不允许底层住人或开店外，其他安置区中住宅底层的实际用途主要包括开设店铺或作为手工加工坊、堆放杂物或停车、住人等三种形式。由于农民仍然保持原来农村的部分生活习惯，对于地面空间的依赖导致许多住户将底层车库改造成自家的日常生活中心；也有部分住户为将自家住房出租以增加收入，而选择自己住在车库内；然而，住在底层车库中最多的还是腿脚不便的老年人。在高层小区中，由于物业管理与车库地下化等因素，底层用途变得相对单一，绝大多数都用作停车或堆放杂物。

（3）交通联系部分

搬迁后，虽然农民拥有住宅的套数普遍增加，但是居住面积却比原先的农村住宅小，建筑形式也由从前1～3层的自建住房转变为多层或高层公寓，前后院子及水泥场地的水平交通组织被垂直的交通联系空间（即楼梯和电梯间）取代。这些改变使许多农民表现出对于安置区住宅的不适应，尤其是老年安置农民。

经调查统计，多层住宅的选房、入住情况普遍好于高层住宅。以吴中经济开发区蠡墅花园天怡苑为例（图4-43），其中高层建筑包括7栋12～16层的住宅，以及5栋27层的住宅；多层建筑则为7栋6层的住宅。由一览表可知，多层住宅的选房、入住率最高，27层的高层住宅选房、入住率最低。

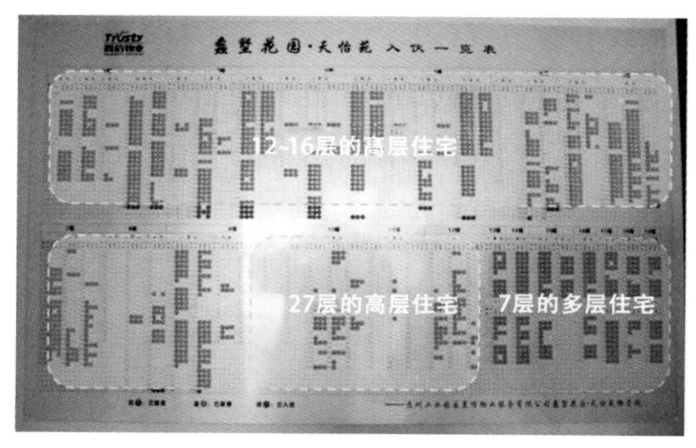

图 4-43 蠡墅花园天怡苑不同建筑形式的入住情况分析

针对这些情况，课题组通过深入访谈了解原因，概言之，主要是农民对高层住宅交通联系部分（特别是电梯）的担忧。首先，居民担心如果日后他们不缴纳物业费，物业公司会停止对高层住宅电梯供电，使他们上下楼遇到极大困难；其次，部分居民对电梯了解较少，对其安全性不放心。

2）住宅立面形态

建设年代较早的安置区以多层住宅为主，其居住建筑立面主要为传统的三段式构图。三段比例约为2：3：1，顶部一到两层（常包括阁楼层），并以坡顶收头，中部一般为四层，底部一层为车库。建筑整体颜色多以三段进行划分，楼层之间的横向分隔明显，整体立面形态较为单一。

建设年代较晚的安置区多为高层小区或高层结合多层的小区，建筑立面形式也一般遵循三段式构图（图4-44）。但与建设年代较早的小区居住建筑立面相比，更注重体现时代感，多利用飘窗、阳台营造一定的凹凸变化和虚实对比，并充分利用建筑的色彩、质感和线脚来丰富立面形态。三段的分隔显著，顶部通常会有一定内收和退台，底部则饰以不同于上两段的颜色或材质。

4.5.2 问题分析

1. 建筑群体的问题——片面强调均好性和安置率

在建设年代较早的安置区中，居住建筑群体组合形式主要以单调的平行行列式为主。造成行列式泛滥的原因，主要可以归结为过度追求高安置率和内部均好性。以阳澄花园、马浜花园为例，其居住建筑均为多层住宅，但容积率要求达到1.5以上，在如此高容积率和设计均好性的共同要求下，难免采用平行

图 4-44　部分安置小区立面形态

行列式布局。当前这类小区已与苏州日新月异的都市化风貌很不协调，演变为农民安置区的“标志性风貌”。

2. 建筑单体的问题——集体缺失多样性和针对性

1）住宅类型的可选性和适应性不足

首先，居住形式类型的可选性不足。由前文叙述可知，目前安置区居住形式的类型只有自住公寓一种，仅仅是为了解决安置农民最基本的“住”方面的问题，缺乏对其可持续生计的考虑。

其次，安置区的套型设计往往较为单一。一是表现为面积较为单一，套型搭配方式相对固定；二是单体套型的户型选择余地小，同一种面积的套型只有一到两种户型可供选择。对居民因家庭结构变化而造成的住房需求改变，显得适应性不足。

以W区某安置区二期为例。该区二期住宅总建筑面积131024m^2，套型面积仅有60m^2、80m^2、100m^2、120m^{2}四种，但是为了

“充分”体现安置区的均好性要求，设计时每种套型面积只有一种户型类型，并且小区的套型组合也只配置了五种方式，分别为A+B，B+B，B+C，A+D，D+D（A、B、C、D如图4-45所示），导致安置区住宅难以满足农民多样化居住需求。

图 4-45　W 区某安置区二期套型选择分析

2）住宅套型的针对性不足

安置区的特殊需求包括很多方面，其中特别需要指出的主要有三种：老年人的居住问题、农民的可持续生计问题以及农民的生活习惯问题。

（1）缺乏对老年人居住需求的考虑。

面对社会老龄化趋势的加剧，目前安置区的套型设计往往欠缺对老年人居住需求的考虑。例如，较少考虑建筑的无障碍设计，以及老年人实际居住需求意愿等。

通过对安置农民当前居住方式的调查，课题组发现，除近半数的老年人选择单独居住，其余基本都是与子女共同居住（图4-46）。而通过对安置农民“希望几代家人居住在一起”的调查，得出同样结论（图4-47）：大于60岁的老年人对于单独居住和与三代同住的需求大致相当。由此可见，老年人存在差别化居住需求，需要分别进行设计考虑。

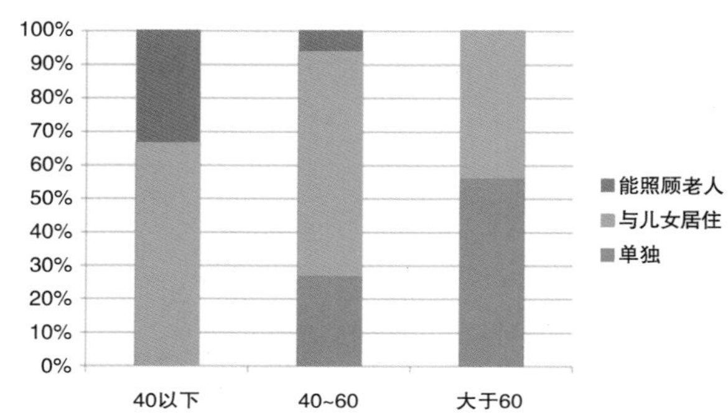

图 4-46　安置小区居民居住方式现状调查分析

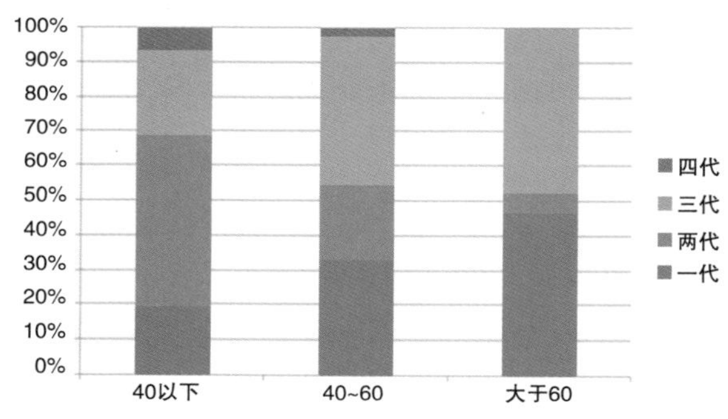

图 4-47　安置小区居民居住方式意向调查分析

（2）缺乏对农民可持续生计的考虑。

农民搬迁进入安置区后，失去了原来低成本的生活方式，增加了水电费、粮食蔬菜、物业费等多项支出，农民普遍感到生活比较拮据。因此，为生计考虑，农民往往选择全家挤住在一套住宅内，将剩余住宅用于出租。

为获取最大的房租收益，农民常将几室几厅的类城市住宅分隔成一个个小单间。

但是，将多余的住房肆意分隔后出租，这种做法无疑会造成安置区的居住环境变差。被分隔后的小单间通风条件差，空间尺度小，隔声效果不佳，自行分隔使用的隔墙材料也存有严重的安全隐患。这些隔墙多使用三合板，质量普遍较差，在使用中损毁情况很多，且三合板本身防火能力较差，加之小隔间的物品杂乱拥挤，火灾隐患极大。

例如，张泾新村的某户农民将面积90m^2、两室两厅一卫的室内空间用三合板分隔成了七个单间出租（图4-48）。这种分隔完全是农民自发进行，并未经过合理设计，以至于有一处隔板直接从窗户玻璃中间分隔，有一个单间完全成了黑房间，完全没有自然通风和采光，居住条件极端恶劣。

图 4-48　张泾新村某户农民将住房（90m^2）自行分隔出租示意图

（3）缺乏对农民生活习惯的考虑。

农民搬迁前后，其生活习惯也发生了巨大变化。苏州地区原来的农村居住环境中，空间层次呈现出“私密空间—半私密空间—半公共空间—公共空间”的清晰关系。然而在集中安置区的居住环境中，居住空间层次被简化为了“私密空间—半公共空间—公共空间”。种种改变对农民的社区归属感与安全感都产生了极大影响。

课题组对居民间日常交流地点进行了调查统计，选择社区中心绿化和社区广场或体育活动设施场地的总共占了26.3%，而选择在自家住宅的底层车库前搬个小板凳围坐一起聊天、纳凉的则占了59.7%（图4-49）。可见，安置农民的活动以及对室外场地的利用仍然保持着原来农村生活的诸多习惯，住宅底层空间是他们日常交往的主要地点。然而，目前安置区对底层入口与车库的处理缺乏对农民这一特殊需求的考虑。

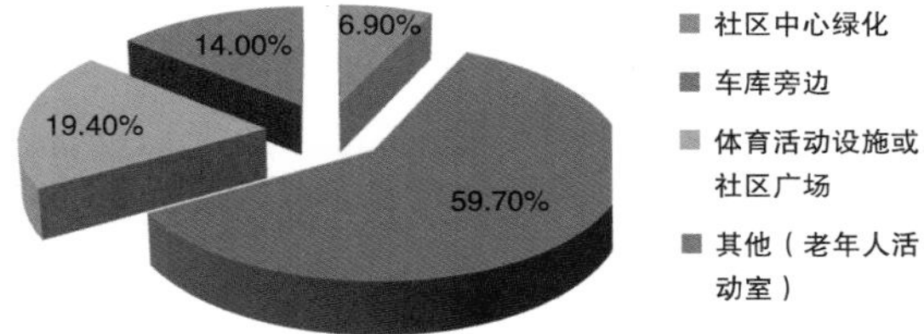

图 4-49　安置小区居民间交流地点的调查分析

其一，往往忽视了住宅入口作为公共交往空间的重要作用。在目前安置区的住宅设计中常采用生硬的接地处理手法，或是端庄、豪华的处理方式。与农村相比，安置区的单元入口空间完全丧失了农村住宅的亲和力，让人难以在这里找到归属感而停留。[1]图4-50所示的某安置区，古典西方建筑语言如爱奥尼柱式与三角山花的使用让住宅入口显得不伦不类，缺乏乡土气息，很难让居民产生如家的感受，也未预留公共交往空间。

其二，住宅底层空间的使用方式杂乱无序，交往环境品质低下。底层车库无论是自用（住老人、堆杂物、开店、作工坊等），或是出租（住人、开店、作工坊等），这些使用功能的杂乱对安置区中农民的日常交往环境以及物业的治安管理方面等都造成了严重影响。如某安置区一幢住宅底层车库就被分隔为出租居住、老人居住、理发店、杂货铺等多种使用功能（图4-51），交往环境品质不佳。

其三，楼梯间与入户空间作为住宅中的

图4-50　安置区住宅入口空间

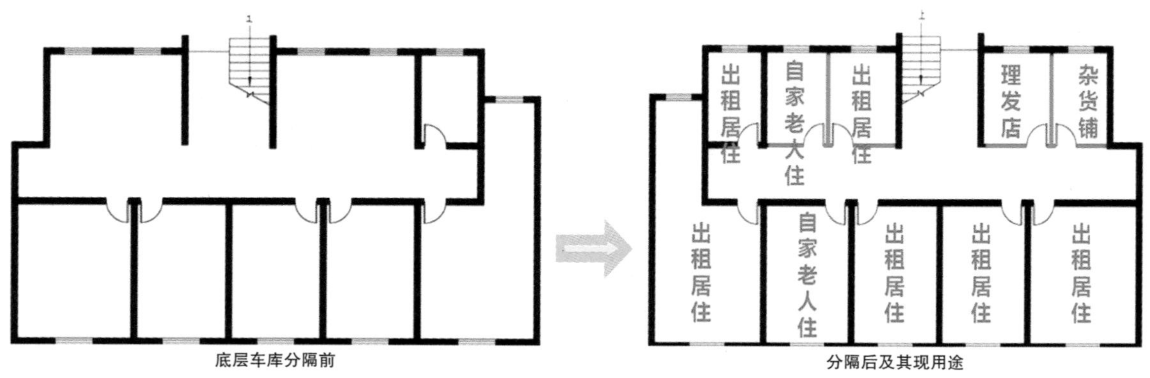

图4-51　某安置区一住宅底层车库功能使用示意图

[1] 张剑. 交往空间在小城镇集合住宅设计中的营造[D]. 大连：大连理工大学，2007。

垂直交通联系部分，在设计时由于诸多原因不受重视而成为农民不愿停留的地方。例如，在住宅设计中为了节省公摊面积而尽量缩小了楼梯间的梯段宽度，而农民的无序化生活习惯又往往导致他们将这些空间作为堆放自家杂物的地方（图4-52），造成楼梯和入户空间环境脏、乱、差的现状，自然不会有农民愿意在此停留交谈。

3）建筑造型的特色性不足

就多层住宅小区而言，安置区整体风貌比较单调。从建筑单体看，立面较为单一，缺乏细部装饰，形体组合也过于简单。对于这些简单的方块体所构成的住宅建筑群体而言，因其平面排布也主要是单调的行列式，整体空间形态呆板单调，缺少变化，色调也略显单一，与日新月异的城市风貌格格不入。

图 4-52　某安置区住宅楼梯空间

4.5.3　规划对策

针对上述问题，课题组认为安置区居住建筑的规划设计应以农民居住需求为核心，将居住建筑由“基本可居”发展为“持续可居”，既充分考虑居民最基本的“住”的问题，又兼顾其邻里交往、领域认同、经济利益及空间喜好等因素。因此，规划对策主要包括三方面：提高多样性，增强针对性与体现特色性。

1. 以弹性设计为原则，提高多样性

在安置区居住建筑的规划设计中，应强化其弹性与多样性：其一，要加强居住形式的弹性设计，以满足住户对居住形式的多样化需求；其二，要注重提高住宅套型的弹性，使之能根据住户家庭结构及生活行为的变化而变化，从而增强小区住宅的适应性。

1）居住形式多样化

针对上文分析的农民对于居住形式的主要需求，课题组提出安置区的居住形式可由自住公寓住宅、结合商铺的公寓住宅、集中出租住宅三种类型组成（表4-9）；在安置区的整体结构上，可尝试将这三种形式分区布局、管理。

原居住形式与建议居住形式对比　　表 4-9

<table>
<tr><th>原居住形式类型</th><th colspan="2">建议居住形式类型</th></tr>
<tr><td rowspan="3">自住公寓</td><td>自住公寓</td><td>核心家庭公寓
老年人公寓
老年居住单元
老少居公寓</td></tr>
<tr><td colspan="2">结合商铺的公寓住房</td></tr>
<tr><td colspan="2">单独布置的出租住房</td></tr>
</table>

首先，对于自住的公寓住宅，需考虑核心家庭居住与老年人居住两个方面。核心家庭居住是指三口之家居住在一套住房中的居住形式；老年人居住则包括老年人集中居住（老年人公寓和老年居住单元）及“老少居”两种形式。前者可以对照商品房小区进行优化设计，后者，课题组对其进行了重点研究。

调查统计显示（图4-53），约有75%的60岁以上老人选择了需要小区建设独立的老年人公寓。面对社会老龄化的趋势，将缺乏子女和亲属照顾、生活不能完全自理的老人集中居住，使这些老人可以享受到社区提供的各种服务，是一个较好的应对方法。同时，考虑到一些身体健康、生活能够完全自理并希望单独居住的老年人，课题组认为可以提供老年居住单元以满足其需求。对于安置区老年居住单元的空间布局，课题组有如下建议：老年居住单元尽量安排在小区中央环境优美，公共服务设施齐全，靠近幼儿园等文教设施的位置；多设置供老人之间交往的场所；重视住宅建筑的无障碍和人性化设计；保持老年居住单元与外界医护或管理人员的联系。另一方面，安置区老年人有与子女同住的需求。因此，课题组提出在安置区中发展“老少居”的居住模式。这种居住模式可以通过跃层式住宅或老少同居一层来实现。

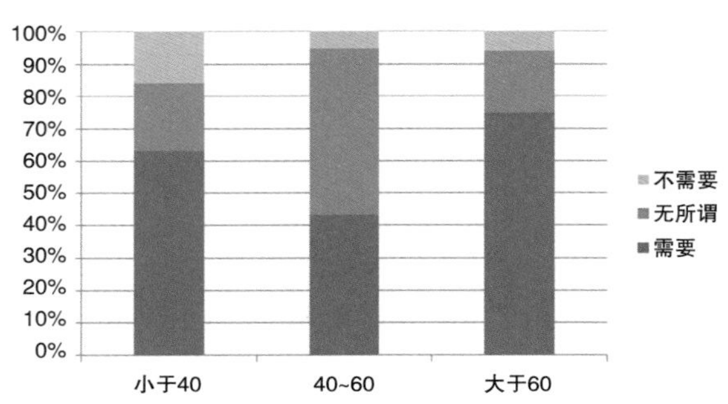

图 4-53　安置小区中建设老年人公寓意象调查分析

其次，安置区应提供专用出租住房。专用出租住房是指在设计时将室内处理成多隔间形式，以便于农民出租并满足其利益的最大化，同时规避农民因自行无序分隔而产生的安全隐患。一般，专用出租住房在小区中集中布置，与自住公寓分离管理。

最后，安置区中可布置一些结合商铺的公寓住房。这类住房一般安排在临街处，一层作为商铺空间，二层以上则作为居住空间。这种形式不仅考虑了农民的利益，同时也为解决安置区“剩余农民”的就业问题提供了一种新思路。

2）住宅户型多样化

目前安置区住宅户型比较单一，同一面积的套型往往只有一到两种户型可供选择，对于农民日益多样化的居住需求显得适应性不足。户型平面的弹性设计是住宅价值可持续发展的具体化措施，是经济有效地增强住宅户型多样性、适应住户因家庭结构及生活行为改变而产生需求变化的重要对策。住户可根据其生活习惯与使用需求调整住宅的功能分区，从而降低住宅的功能性贬值。[1]通过增强户型设计的弹性，改变安置区住宅“基本可居”的现状，不是有怎样的住宅，就让住户无可奈何凑合居住，而是让住宅适应不同住户的需求，真正体现以人为本的“持续可居”。

住宅户型弹性设计分为套型间弹性设计、套型内弹性设计两部分，提供农民多样化选择。首先，套型间的弹性设计（图4-54）手法主要包括：空间水平变化，灵活处理一梯多户单元楼中小套型分隔，如一梯两户打通后合成一户，或者一梯三户变化后组成一梯两户；空间垂直变化，如上下楼层、复式套型的变化等。其次，套型内部的弹性设计（图4-55）手法包括：采用大开间跨度结构，内部房间可以自由隔断随意组合，提高使用率；建设方应提前进行市场调查，在设计建设前期及安置选房时根据农民的需求留出自由分隔的余地，住户也可在居住一段时间后根据生活变化调整功能布局，进行二次装修等。[2]

2. 以农民利益为根本，增强针对性

在规划建设农民安置区时，应以农民利益为根本，增强以下三方面的针对性：其一，考虑农民的可持续生计及实际生活需求，做出针对性优化。其二，农民在安置区日常生活中仍保留了部分原来农村中的生活习惯，需要一段时间的城市融入才能逐渐消退，安置区规划需要对其进行针对性考量。其三，面对老龄化的社会趋势，安置区规划同样需要作出针对性考虑，按照老年人的不同居住方式，在套型设计上提供相应形式。

1）针对农民的可持续生计

由前文分析可知，农民从农村搬迁到集中安置区，对其经济利益具有较大有益影响的是将剩余住房出租以获得租金及开设店铺获得收入。因此，课题组提出两种旨在提高农民可持续生计的居住形式。

（1）专用出租住房。

对于拥有剩余房产并渴望补贴生活费用的安置农民，他们通常会将多余的住宅自行分隔后出租。针对这种行为，课题组认为在住房出租上应该考虑使农民经济利益最大化的需求。

[1] 刘静茹. 对房屋户型结构设计更新的研究[J]. 油气田地面工程，2004（4）。

[2] 侯博. 户型设计“人本化”[N]. 中国房地产报，2004-2-12。

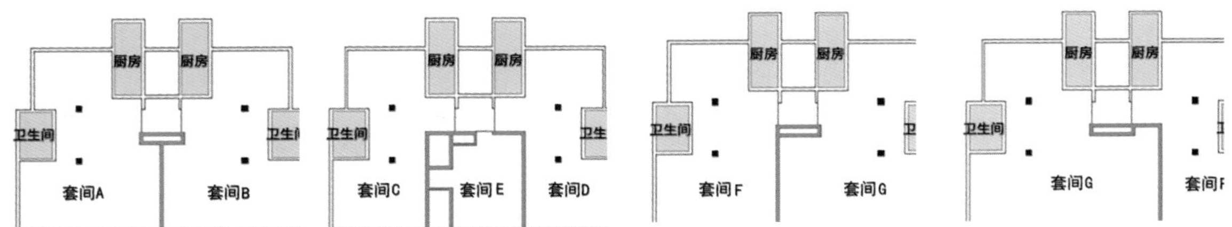

图 4-54 套间弹性示意图（红色墙体为可变分隔墙）

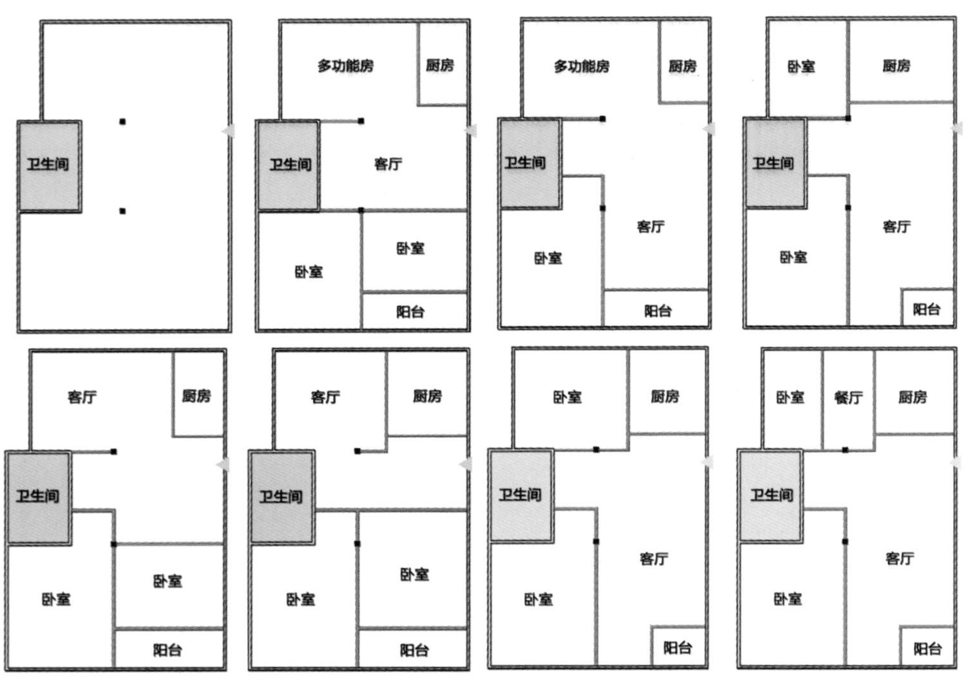

图 4-55 套内弹性示意图（红色墙体为可变分隔墙）

调研发现，有62%的住户认为有必要将出租住房与自住公寓分区建设（图4-56），其原因在于租住混合造成外来人员的频繁进出使安置农民对小区安全性产生了担忧。因此，专用的出租住房应该在小区中单独集中建设，以减少对普通自住公寓的干扰。具体设计时，先确定一个住宅基本框架，其中的

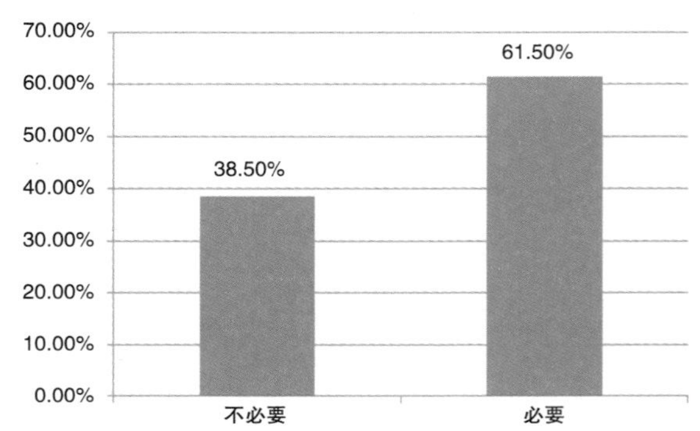

图 4-56 安置小区出租房与自住房分区建设调查结果统计

房间均用可移动的预制隔墙进行分隔。统一的住宅分隔，既可以保障这些隔墙板的质量，避免农民自行用三合板分隔房间所造成的安全隐患，同时又保证了农民出租收益的最大化。

（2）结合商铺的公寓住房。

在安置区中，便民服务点不再分布于原本村落中的村头巷尾，而是以大规模、集中式的城市商业街和超市的形式存在，这对农民生活习惯的改变无疑是一个巨大的挑战。居住环境的改变使得农民的谋生手段也发生了变化，住宅底层被用来开设商铺贩卖生活用品，沿街则聚集了诸多摊贩（图4-57），这些行为一是其原有生活习惯的延续，二是有利于获得一定的额外收入，因而屡禁不止，难以管理。

因此，在农民安置区规划设计中，可遵循“5分钟步行路程”的商业功能服务范围，在组团间、沿小区或城市道路旁布置符合本区住户需求的底层商铺（图4-58），以满足居民的购物便利性要求，丰富邻里生活。这种底层商业的性质可以是出租，也可以是自用（其上层便为自住的公寓）。通过这种结合

图 4-57　住宅底层与道路周边商铺、摊贩现状

图 4-58　住宅底层和沿街布置商铺的意象

商铺的公寓住房的形式，既能增加农民的经济收入，也能为其提供更广泛的就业、创业渠道，更便于社区统一管理，提升安置区的整体品质。

2）针对农民的生活习惯

一般而言，安置农民的“基本交往活动圈”是自住宅出入口到小区中心，活动半径约在180～250m（5分钟步行路程）之间的区域范围，交往对象主要是邻里。因此，安置区居住建筑的规划设计应着重考虑住宅底层、入口和楼梯空间，以重构农民原有的半私密空间，提升邻里活力，增强农民对安置区的归属感。

（1）住宅底层空间的处理。

实际调研发现，住宅底层空间是形成安置区社会交往的重要场所，农民经常在此“扎堆”聊天，对此，住宅底层空间的处理应体现人性化，适应农民需求。首先，通过一些植物或构筑物的空间围合，增加廊椅等附属设施，使单元住宅的底层入口空间具有一定的场所感与归属感，吸引居民在此停留，促进相互之间的邻里交往。其次，建议适当缩小跃层住宅底层老年人住房的面积，将剩余空间塑造成公共交往场所，便于老年人就近（底层住宅）交往。最后，考虑将底层车库半地下化，保持采光、通风的同时又避免底层车库混乱的使用方式，将底层周边地面空间复还给交往使用（图4-59）。

（2）楼梯和入户空间的处理。

对于集中安置区的住宅来说，楼梯和入户空间也应体现交往性，但目前而言这些空间往往被忽视（图4-60）。楼梯间和入户空间作为安置农民入户的必经之处，类似农村住宅的“前院”空间，能够产生空间归属感以及同一楼层住户的领域感。舒适的楼梯交往空间设计，能吸引农民在那里做短时间的交流，延续原先在住宅前院拉家常的生活习惯。同时，良好的入户空间设计能有效形成灰空间，从而缓冲公共空间与私密空间的僵硬过渡，给予农民较为人性化的心理感受。

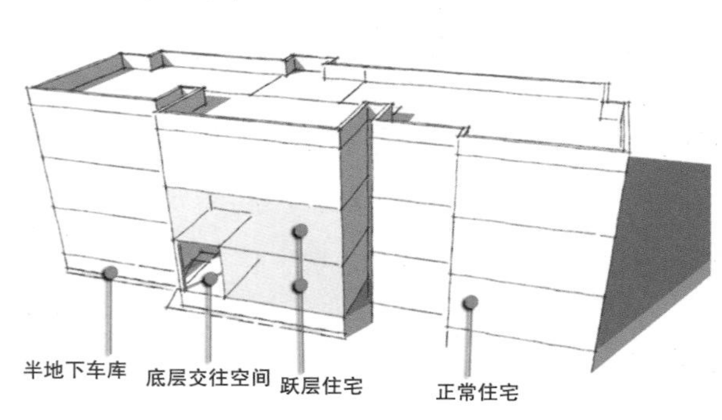

图 4-59　住宅底层空间处理方法示意图

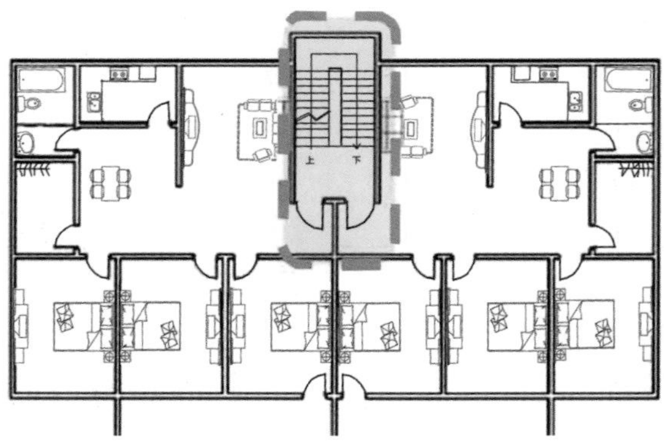

图 4-60　被忽视的楼梯间

楼梯和入户空间的设计手法有：①扩大楼梯间平台作为交往空间（图4-61）。将楼梯间的休息平台扩大，并在其中设置座椅与小品，使之成为舒适的交往空间，促进邻里关系。②营造入户过渡空间（图4-62）。将楼梯间与入户空间相结合，通过布置绿化和座椅形成过渡空间，给住户营造一种领域感，为良好的邻里交往打下基础，尤其为高层住宅中的老人和小孩提供了户间交流的所。

3）针对老年人的居住需求

目前安置区中普遍采用“家庭养老”形式。参考已有文献，课题组将家庭养老按同居型、邻居型、分离型（表4-10）三类提出对策建议。其中，“同居型”的养老家庭应该在套型设计和室内装修中体现对老年人生理、心理上的关怀；“邻居型”和“分离型”家庭养老方式则可以通过“老少居”（包括跃层式或同层式）及老年人单独居住（包括老年人公寓和老年居住单元）这两种方式来实现。

（1）“老少居”。

“老少居”需要增强住宅套型与套型间

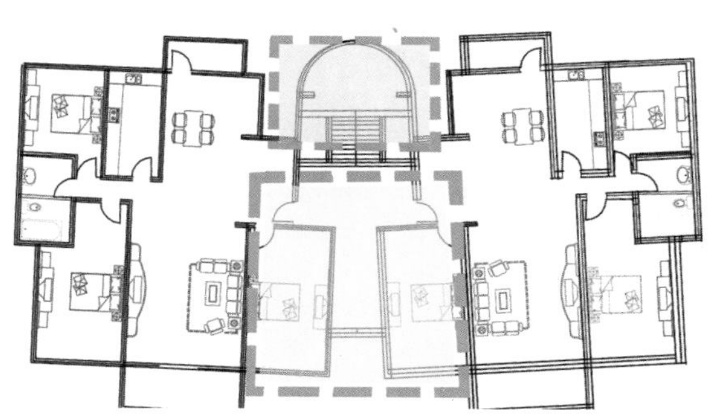

图 4-61 扩大的楼梯间休息平台和入户空间

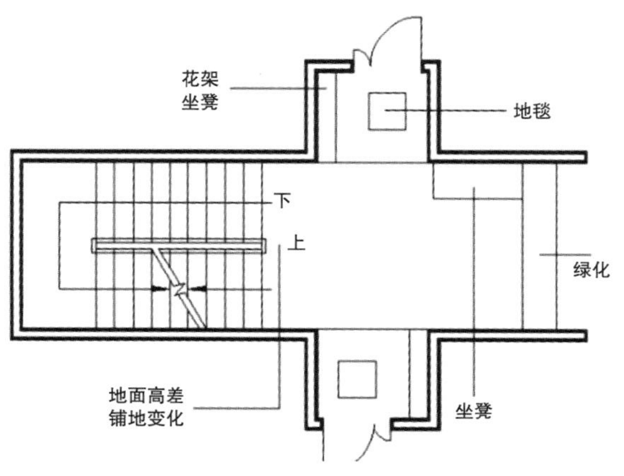

图 4-62 入户过渡空间的营造

家庭养老方式及其居住对策分析表 表 4-10

家庭养老方式	分类	说明	居住对策
同居型	完全同住型	老年人有单独的居室，但相互干扰严重	户内设计应体现老年人生理、心理上的居住需求
		老年人有独立的卫生间和厨房，干扰较小	
	半同住型	门厅公用，其他部分分离，可分可合	
		门厅分离，但内部有门或通道相连，可分可合	
邻居型	完全邻居型	两套居住单元水平相邻，共用同一分户墙，独立性、联系性较强	增强套间的弹性设计
	半邻居型	同一单元或同一楼层，独立性更强，有一定联系	
分离型	完全分离型	同一社区，联系性最弱	单独布置老年人居住
	半分离型	同一栋楼，不同单元、楼层，联系性较弱	

资料来源：课题组在文献整理、实地调研的基础上进行总结，部分内容来源于：邱川. 上海郊区农民集中建房住宅设计研究[D]. 上海：同济大学，2006。

组合的弹性。可分为两种形式：

a. 跃层式的“老少居”。老年人由于身体羸弱，平衡能力差，行走不便，所以他们普遍不愿爬楼梯，因而在跃层式的“老少居”住宅中，应将老年人的居室安排在住宅底层，二层由其子女居住。住宅的门厅由两户公用，有利于促进子女与老人间的交流。老年人居住的底层应有扶手和防滑地面等无障碍设计，并在卧室、厨房、卫生间等处安装与子女居室相通的求助按钮等。子女居住的二层应同样设有厨房、浴室、卫生间等，以便同老年人各自独立生活。

b. 同层式的“老少居”。老人与子女同住一个楼层，这需要弹性设计同一楼层的两套或多套住宅，使居住空间能够根据需要分隔或整合，以适应一个家庭成长或萎缩的变化。这种弹性设计是借助于既能纳入住宅单元内又能独立于住宅单元之外的居住部分来调整。除了前述同层套型弹性拆分方法外，还可将位于两个或多个套型之间的空间，纳入其中任何一个套型，形成套型大小及种类的变化。

（2）老年人单独居住。

如前所述，约有75%的60岁以上老年人选择了需要在安置区建设独立的老年人公寓；而对于一些身体仍比较健康，生活完全能够自理而又希望单独居住的老年人，课题组提出可以在小区中心绿地旁建设老年居住单元这一完全住宅式的居住形式。

a. 老年人公寓。老年人公寓是指专供老年人集中居住，符合老年人体能及心态特征的公寓式老年住宅，具备餐饮、清洁卫生、文化娱乐、医疗保健等基本生活服务系统和专业化的护理系统。[1]它是一种既体现老年人居家养老，又能享受社会化服务的综合管理住宅类型。

老年人公寓养老不同于集中居住、统一管理的敬老院养老，也不同于分散居住、缺乏无障碍设施的普通住宅养老，其最大特点在于老年人独立生活单元的集居化。集居性只存在于住宅群体的空间层次上，老年人仍拥有完整的卧室、浴厕等个人私密空间及无障碍设施，使得有一定自理能力的老年人愿意接受。同时，老年人公寓对一些生活不能自理的老人也可以适当提供一些社会化服务的帮助，如社会性的生活和医疗护理等。

为满足不同类型老年人的特殊需求，老年人公寓可以分为服务型、护理型两种（图4-63）。服务型老年人公寓包括居住、公用、服务和管理等四个重要组成部分；护理型老年人公寓则包含居住、公用、服务、医护和管理等五个组成部分。[2]老年人公寓一般可在小区中交通便利、环境优美、噪声较小的

[1] 夏飞廷，李健红. 浅谈老年公寓居住环境设计[J]. 华中建筑，2011（8）。
[2] 李鸿烈. 老年居住环境设计研究[D]. 重庆：重庆大学，2002。

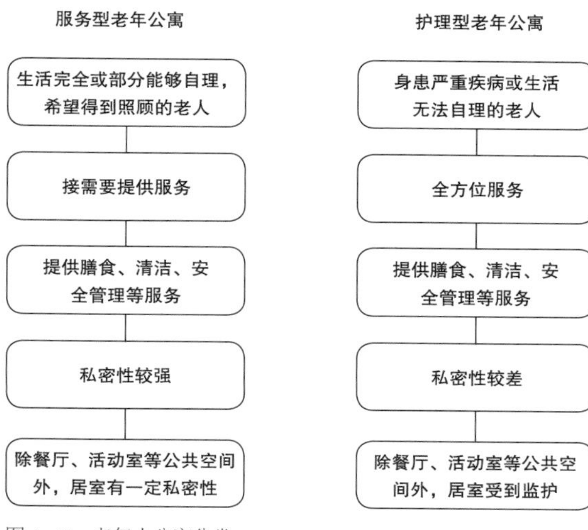

图 4-63 老年人公寓分类

地方单独建设。

b. 老年居住单元。老年居住单元是一种完全住宅化的老年人居住形式，在更大范围内可形成“大混居、小集居”的住区模式（表4-10）。老年居住单元一般是针对一些基本健康、生活完全可以自理的居家老人，这些老年人通常也与子女同居在一个小区中。

老年居住单元的选址主要集中在安置区的中心绿地附近，靠近社区服务、基础设施，方便老年人的日常生活和社会交往；同时，考虑老年人与儿童的心理互补，可以将老年居住单元与幼儿园、小学等文教设施邻近设置，一方面，对于老人来说，活泼好动的儿童可以使之感受天伦之乐，增添其生活乐趣与活力；另一方面，对于儿童来说，他们也可以得到老人的看护和照顾，促进两者的相互关爱（图4-64）。

老年居住单元的建筑设计，应着重考虑三方面的内容：首先，是无障碍设计，应基于对老年人特有的身心特点、人体工学和

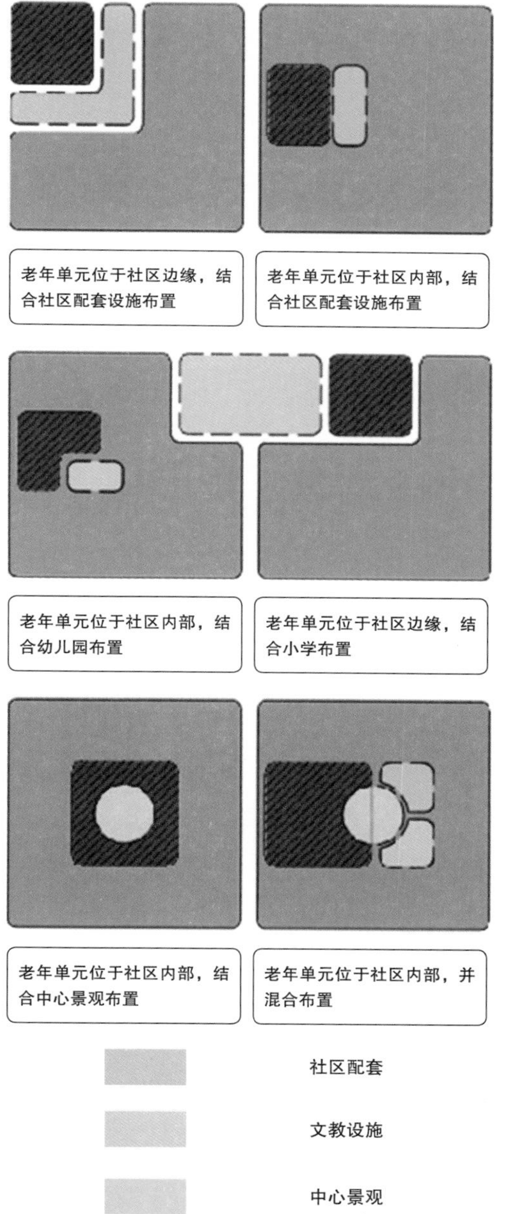

图 4-64 老年人居住单元分类图

行为轨迹的研究，具体落实到住宅建筑的细部设计中；其次，是套型的弹性设计，老年住宅应具备一定的可变性与弹性；第三，老年居住单元中应该建立安全应急系统，以应对老年人生活中可能遇到的突发情况及安全事故。

3. 以生态社区为理念，体现特色性

1）体现地域性

苏州的粉墙黛瓦、坡顶的传统建筑形式对安置区建设提供了立面造型的思路。在安置区建设中应风格统一，体现地域特色。

2）体现时代性

充分利用飘窗、阳台的凹凸变化及其阴影与墙面形成明暗对比；利用窗体、柱子、墙面营造虚实对比；利用材料质感、线脚和细部等来丰富建筑形态，体现时代特征。

3）体现生态性

安置区的规划建设应当把体现生态性作为特色之一。设计中应着重考虑如屋顶绿化、节能技术，利用太阳能，利用绿化和土壤进行一定的雨水收集循环利用等，以贯彻生态社区建设要求。

以雨水收集系统为例：目前安置区建设中住宅设计并没有考虑屋面雨水收集系统的预留和安装，造成雨水流失严重。实践中雨水利用处理方式可根据雨水水质的不同特点及汇集条件采取不同措施：路面和绿地雨水应考虑渗透回灌，屋面雨水则应考虑直接收集利用或回灌地下。这就要求安置区在规划建设时，应加强对雨水的回收利用设计；规划住区中水系统，用于卫生间冲洗、绿地灌溉等，以有效节约用水，实现住区生态性（图4-65）。

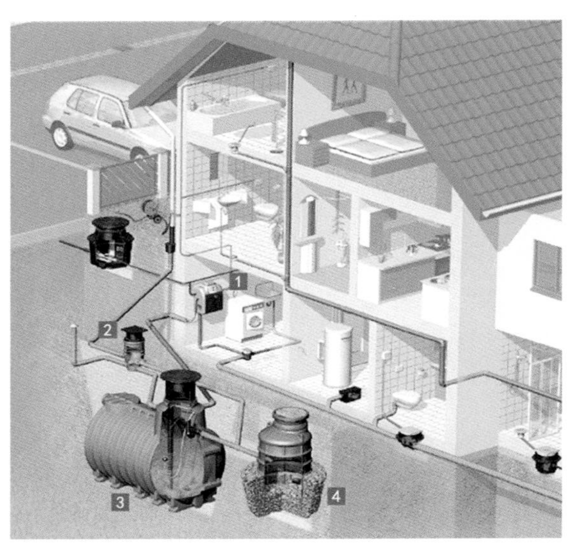

图 4-65　住宅雨水收集系统示意图

4.6　空间规划研究——公建配置

4.6.1　现状概况

安置区配套公建与居住建筑一样，都是小区规划设计的重要组成部分。课题组从配套规模、配套内容和配建满意度三个方面对安置区配套公建现状进行了调查分析。

1. 配套规模

1）各小区间比较

课题组调研发现，苏州市各区配套公建用房面积占安置区总建筑面积比例存在较大差异（表4-11）。从调查的26个安置区的公建配置比统计可以看出，公建配置比最高的小区达118.25‰，最少的只有4.7‰；各安置区公建配置比平均值为43.74‰；其中81%的安置区公建配置比达到了《苏州市新建住宅区公共服务设施管理暂行规定》的22‰的指标下限。个别安置区指标未达到标准，主要是因为这些小区建成于2008年12月15日规定颁布之前，而另有一些小区规划设计时采用的是公共服务用房每百户不少于30m^{2}的标准。与此同时，也有部分安置区将集体资产用于修建公共服务用房，以公共服务用房的房租作为增加农民收入的主要形式，因而公共服务用房配置水平相对较高，如木渎镇金山浜小区等。上述几点原因，造成了不同安置区的公共服务设施用房配建规模存在较大差异。

为了更加详尽地了解各安置区公建配套水平的变化，课题组以时间维度对其配建水平进行比较（图4-66）。以2008年为时间节点，在此之前建成的安置区，其公共服务设施水平普遍较低。其中，苏州高新区的马浜花园各期建设时间跨度较长，从2003年至2006年，历时4年。各期建设的公建项目与规模均不同，但总的公建配置比只有11.4‰；马涧小区的建设时间同样相对较早，建设于2004年，其公建比为14.32‰；新浒花园的建设时间为2006年，小区总建筑面积达78万m^2，其公建面积只有3370m^2，公建比仅为

各安置区公建配套数据一览表 表 4-11

小区	建设年代	编号	地区	公建比	千人指标	停车率
张泾	2003	A-01	园区	—	—	—
青剑湖	2008	A-02		—	—	—
夷陵山	2008	A-03		56.64‰	1721	—
滨江苑	2008	A-04		37.03‰	1346	0.45
浪花苑	2008	A-05		39.52‰	1453	0.61
吴淞江新村	2007	A-06		36.91‰	1163	0.23
尹东	2009	B-01	吴中区	22.39‰	774	0.60
新思家园	2007	B-02		4.71‰	144	0.53
金山浜	2008	B-03		85.64‰	3407	0.73
馨乐花园	2006	B-04		48.92‰	2668	—
金运花园	2010	B-05		45.90‰	1980	0.56
蠡墅花园	2009	B-06		27.81‰	1178	0.33
圣堂	—	C-01	相城区	26.71‰	1025	0.60
沈周	2009	C-02		24.52‰	896	0.57
阳澄花园	2006	C-03		106.31‰	9029	—
玉盘家园	2006	C-04		—	—	—
安元佳苑	2008	C-05		69.33‰	2392	0.50
马浜花园	2003	D-01	新区	11.40‰	—	0.40
华通花园	2005	D-02		118.25‰	3233	—
阳山花园	2005	D-03		15.60‰	398	—
马涧小区	2004	D-04		14.32‰	372	—
金色家园	2010	D-05		—	—	—
新浒花园	2006	D-06		4.29‰	153	0.23
新民苑	2010	D-07		70.02‰	2044	0.53
龙景花园	2006	D-08		62.04‰	1626	—
新主城	2010	D-09		33.99‰	1143	0.70

4.29‰。而在2008年以后（包括2008年）新建成的安置区都达到了22‰的标准，配建水平普遍得到提升。

2）与规范比较

这里主要指千人指标与规范的比较。传统千人指标的理念是“只有当配建项目的面积与其服务的人口规模相对应时，才能发挥项目最大的经济效益”。居住区人口规模是公建配建所必须考虑的因素，但不是充分的因素。[1]课题组通过对各个安置区居民的人口规模以及安置区公共服务设施面积的统计分析（图4–67），得到了各个安置区的配套公建千人指标，并与国家标准《城市居住区规划设计规范》比较发现：各安置区配套公建的千人指标平均为1745m^2，其中最低的只有143m^2，最高的则达到了3693m^2，超出国家标准上限1295m^2。综合各小区整体来看，有一半的小区公建配套千人指标在国家指标所规定的范围内，有33%的小区公建配套千人指标低于国家标准，最低的只有国家标准

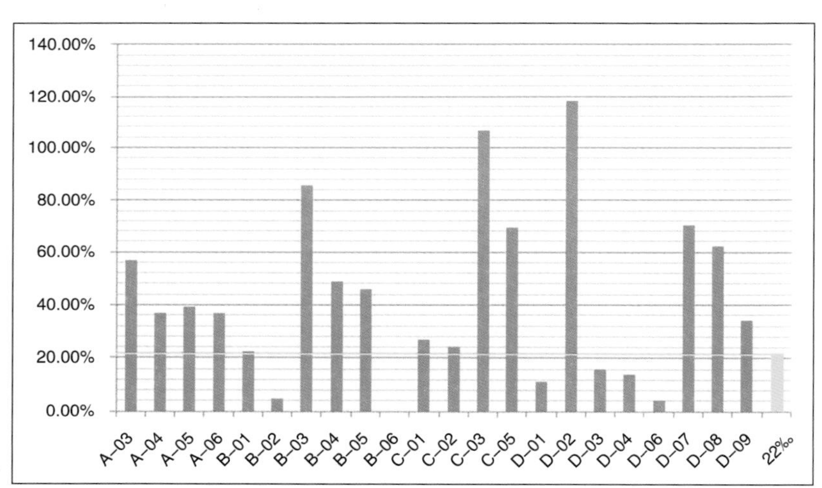

图4–66 安置区公共服务设施配置公建比统计

《苏州市新建住宅区公共服务设施规划管理暂行规定》：

“保障性住房住宅区为小高层及高层住宅建筑的，其物业服务用房建筑面积不得少于地上建筑总面积的22‰；为多层住宅建筑的物业服务用房建筑面积不得少于10‰。”

[1] 赵民，林华. 居住区公共服务设施配建指标体系研究[J]. 城市规划，2002（12）。

的1/4，其余17%的小区公建配套千人指标则超出国家标准范围。

2. 配套内容

根据《苏州市新建住宅区公共服务设施管理暂行规定》，苏州市新建住宅区公共服务设施包括：教育、医疗卫生、文化体育、商业金融服务、行政管理服务、社会福利、邮政电信以及市政公用等八类设施。同时，按照不同的产权属性与使用特点将公共服务设施分为公益性、经营性、政府公共服务性设施三大类。

首先，在公益性和政府公共服务设施方面，根据《关于进一步加强农村社区服务中心建设的意见》，安置区基本都建成“八位一体”，“十位一体”的社区服务中心，都设有社区居委会、社区服务中心、社区卫生所、老年活动室等，部分安置区还配备有物业管理用房等，总体来说社区服务设施的项目配置较为齐全，并在某些方面向城市住区的配套内容靠拢。

同时，根据不同安置区的特点，公共服务设施配置的项目上也有所不同。如靠近工业区的小区，根据小区外来务工人员和流动人口众多，容易滋生社会问题的特点，在公共服务设施上增加了针对外来人员服务管理项目及人民调解委员会，从项目设置上做到了既针对本地居民，又兼顾外来人口，如苏州工业园区唯亭镇张泾新村设有外来人员就业管理处，渭塘镇的玉盘家园设有针对外来人员的宣传教育展示厅等（表4-12）。

其次，在经营性公共服务设施方面，主要分为组团级及小区级。

组团级经营性设施，以解决安置农民一般的日常生活用品和副食品蔬菜为主，其服

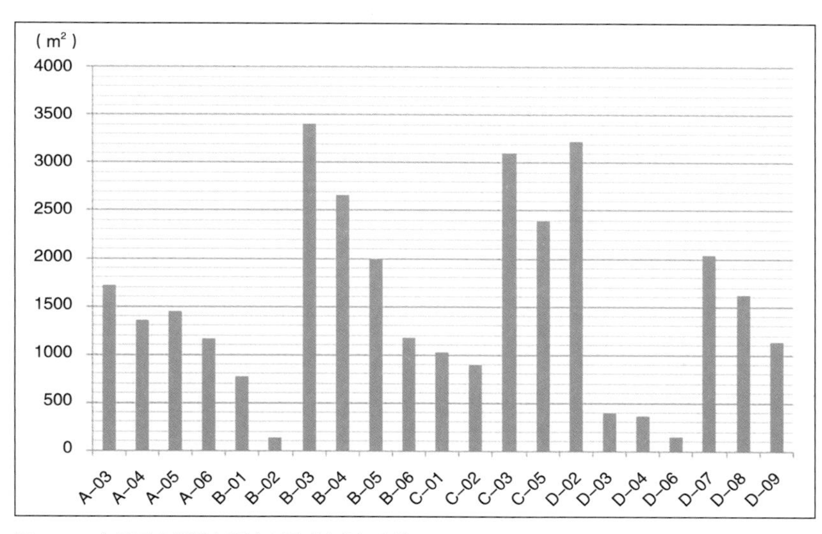

图 4-67 安置区公共服务设施配置千人指标统计

部分小区社区中心配置项目一览表　　表 4-12

玉盘社区中心	张泾社区中心	天逸苑社区中心
社区居委会	居委会	社区居委会
物业公司	社区党总支	物业管理
社区工会联合委员会	党员服务中心	社区党支部
社区支部委员会	民兵营	调解室
社区服务中心	综治办	市民学校
党员服务站	治保委员会	老年活动室
消费者投诉站	警务室	社区服务中心
居家养老服务中心	人民调解委员会	社区卫生所
社区卫生站服务站	外来人员服务管理站	
会所	外来人员服务管理中心	
书场	居家养老服务站	
多功能活动大厅	社区劳动保障服务站	
活动教室、阅览室、展示厅	文化信息基层点	

务半径和规模都较小，服务项目也较为单一。如吴中区蠡墅花园天怡苑，在入口底层布置有小超市、副食品店和房屋中介。

小区级经营性设施，在商业项目配置上，不仅仅局限于满足安置农民日常生活的消费项目，如小超市、便利店等，同时会增加网吧等文化娱乐设施，而餐饮、房屋和职业中介也较多。但是金融项目配置较少，有些安置区附近只设置有一处ATM机。

3. 配建满意度

1）商业设施

对商业设施选择意愿的调查可以看出，30%的安置农民选择社区商业作为首要的购物方式，52%则选择了附近大型超市，而选择附近镇商店和市中心商业的只有10%和8%（图4-68）。对安置农民的访谈也获知相近的信息。由此可见，安置农民的商业购物需求除了最一般的日常生活用品外，对社区商业设施的依赖度不高，更多地选择附近大型超市。

在安置农民对社区商业设施的满意度调查中可以看到，58%和5%的农民对社区商业设施表示了“满意”和“很满意”的态度，占大多数，仅1/3的农民表示了“不满意”或“很不满意”的态度，表明各安置区现有配套的商业设施基本满足安置农民对社区商业设施的实际需求（图4-69）。

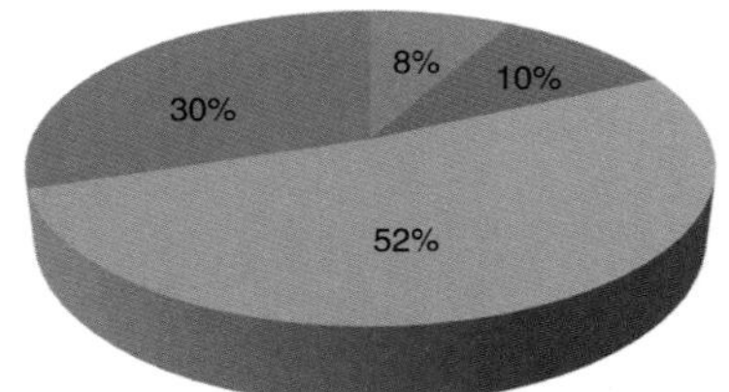

图 4-68　对商业设施选择的居民调查

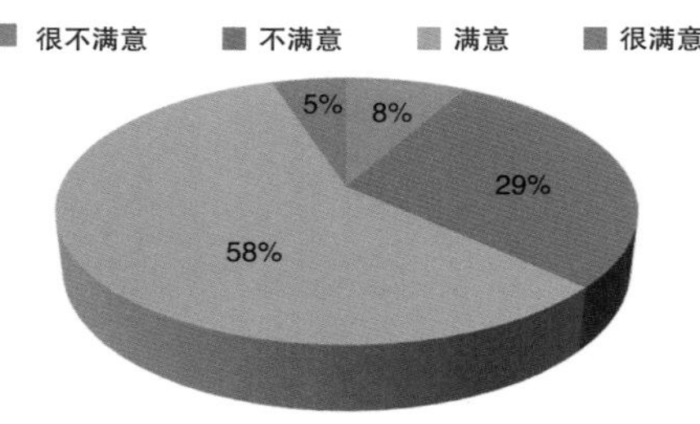

图 4-69　对商业设施满意度的居民调查

2）文化娱乐设施

调查的各个安置区一般都在配建的社区服务中心建设老年人活动室等文化娱乐设施。如唯亭镇张泾新村，在小区中心处结合小区绿地，建设有居民活动室和老年人活动室。但是，其中的活动绝大多数比较单一，以打麻将和棋牌为主。部分安置区还建设图书室等设施，如高新区马浜花园，但由于安置农民受教育程度普遍不高，这些设施的使用率较低。还有一些安置区建设有独具特色的文化娱乐设施，如渭塘镇玉盘家园建有玉盘书场，在这里经常举办一些诸如评弹等农民喜闻乐见的文化演出，很大程度上丰富了安置农民的业余文化生活。

但调查也发现，农民对安置区内配建的文化娱乐设施普遍不甚满意。根据调查统计（图4-70），有58%和29%的安置农民对文化娱乐设施表示了“不满意”和“很不满意”的态度，这说明安置区配建的文化娱乐设施普遍不能满足安置农民文化娱乐的实际需求。这主要由于相较于城市住区，安置农民的就业率低，老年人多，业余闲暇时间相对集中、充裕，且习惯于地缘式的邻里交往和业余生活，所以对多元化的文化娱乐设施的使用需求会相对较高。

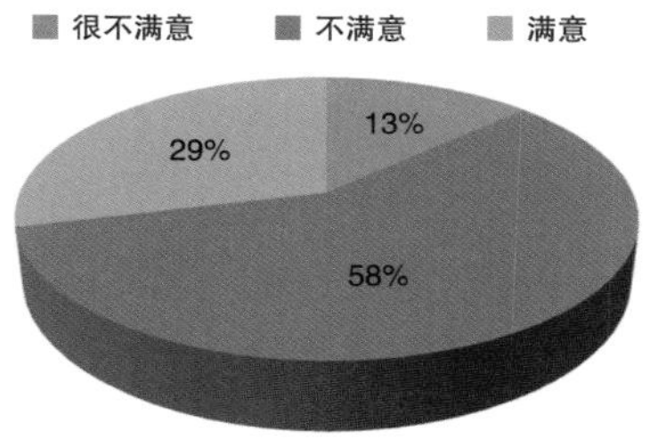

图 4-70　对文化娱乐设施满意度的居民调查

3）医疗卫生设施

据调查，在安置农民的就医选择中，将近一半的农民更愿意选择社区卫生所，占总人数的48%，而选择镇医院的农民占29%，选择市级综合医院的农民仅占16%（图4-71），这说明安置农民对社区卫生所的依赖度高。这主要是由于市级医院相对而言距离较远，费用过高，农民的传统生活习惯更倾向于头痛脑热的小病在社区卫生所就近解决。

同时，调查统计也发现，安置农民对社区卫生所的以下方面感到不满（图4-72）：25%的安置农民认为“社区卫生所的价格

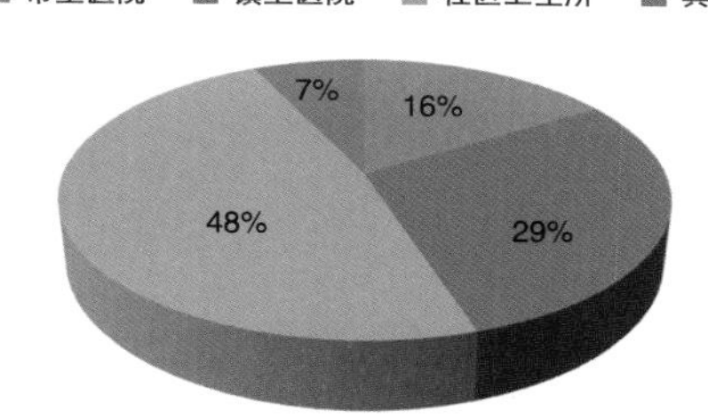

图 4-71　对医疗卫生设施选择的居民调查

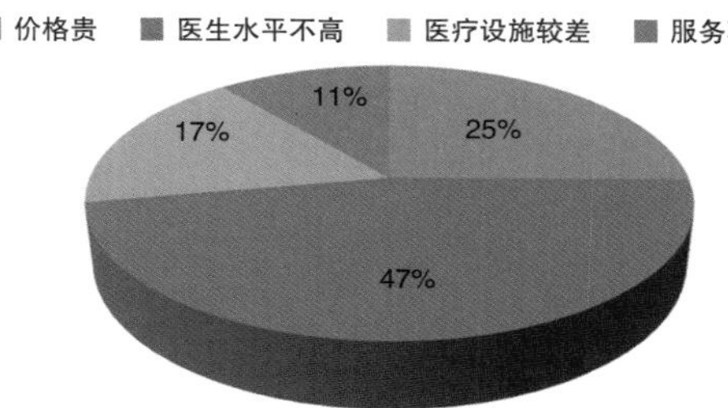

图 4-72　对社区卫生所存在问题的居民调查

贵”，47%认为“社区卫生所的医生水平不高”，17%认为“社区卫生所的医疗设施较差”，11%的安置农民则认为“服务不好”。可见，社区卫生所需要在提高医疗水平，增强人员配备，增加设施投入和完善医疗服务等方面做较大改善。

4）公共场地

课题组在问卷调查和实地踏勘中发现，部分安置农民在闲暇时间喜欢在安置区规划的公共场地聊天交流。安置区公共活动场地一般规划在小区中心位置，与其他公共服务设施或中心景观一起，共同形成小区的公共活动中心。同时，在小区组团、宅间配置小型活动场地、儿童活动场地及健身器材等，在一定程度上满足安置农民使用需求，受到农民好评。

5）传统生活习俗设施

课题组在调查中发现，农民有一些传统生活习俗的需要，目前安置区规划建设未曾考虑，如农民只能通过搭建“木园堂”来举办红白喜事（图4-73）。

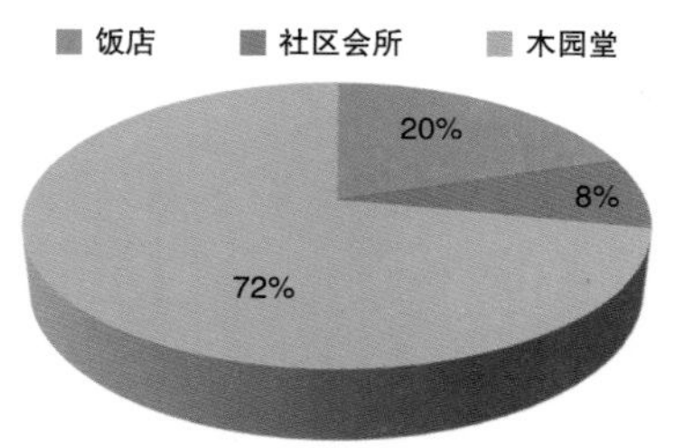

图 4-73　对红白喜事举行方式选择的居民调查

安置前，苏州农民都有在自己家里筹办红白喜事的生活习俗，一是热闹，不仅亲戚而且乡邻都要招待，一般要持续好几天；二是便宜，城市饭店的价格往往让农民难以接受。过去，农村居民都有自家独户独院的住宅，底层的厅堂空间宽敞，一般都是在自己家的厅堂或者自家的宅院中摆放酒席并举行相关仪式。但农民从原来的独立农宅搬迁进入多层或高层的安置公寓后，独户独院的住宅变成单元式的楼房，自家举办红白喜事的空间受到限制，于是“木园堂”进入了安置区，成为安置农民举行红白喜事普遍采用的形式。

“木园堂”也可称为木缘屋、木缘房等。大部分“木园堂”都是以轻钢和木头为主要材料拼搭起来的可拆卸、可移动的简易房屋。木园堂除了放置餐桌的主厅外，往往还要搭建两个辅助用房，用来作厨房和来宾接待（图4-74）。安置区中的“木园堂”采取租赁的方式，一个小区中至少有一套，规模较大的可能会有数套，如华通花园的四个分区各有一套。它们平时放置在空地上，遇到某户人家要办红白喜事的时候，经营“木园堂”的人就把屋子拆运，或搭在小区中心公共场地上，或搭在这家人住处的附近空地上。

课题组通过调查和访谈发现，木园堂受到安置农民普遍欢迎的原因，除生活习俗外，还有以下几方面的因素。首先，木园堂拆卸安装方便。木园堂的搭建和拆卸熟练快捷，

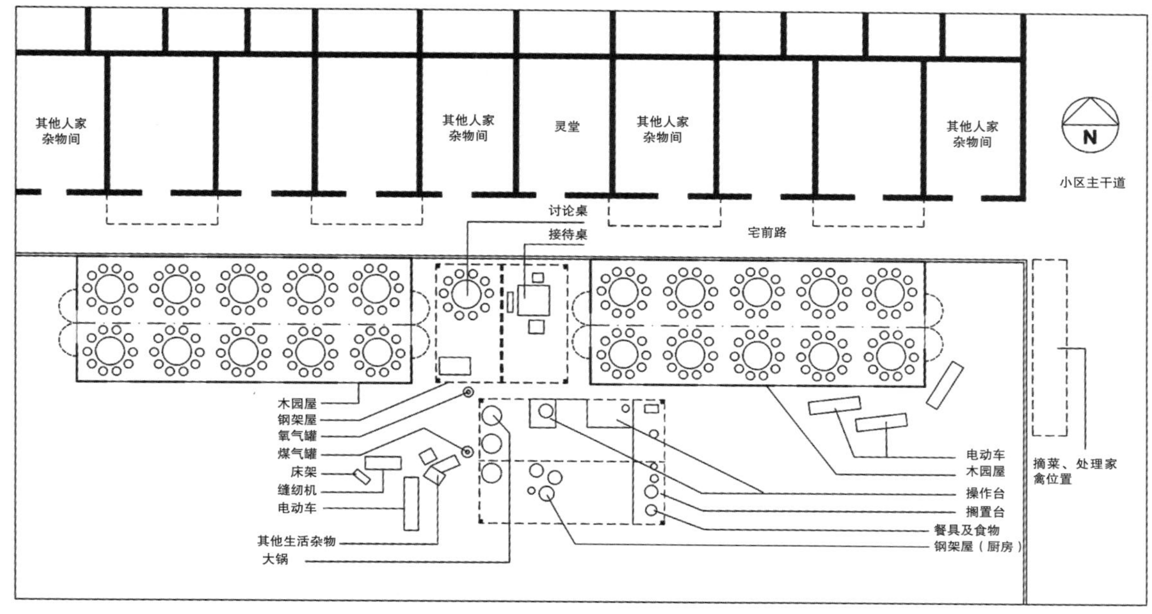

图 4-74　某安置小区在“木园堂”举行丧事时的平面图

前后用时一般不到半天时间。其次，出租价格比较便宜。按间数和天数计算，某户举办婚礼租借六间作酒席，两间作厨房，还包括桌椅的出租费，四天共花费1600元。最后，场所可以兼作多种功能。在举办仪式的连续几天里，除了就餐，木园堂还可成为招待客人喝茶、聊天、打牌、休息、玩耍的场所。

6）停车配套

根据《苏州市建设项目停车配建标准》关于停车的相关规定，多层安置区停车位标准最低为0.3，高层安置区为0.6。所调查的安置区机动车停车位平均为0.61，最低0.33，最高达到1（图4-75），安置区机动车与非机动车位的配置均达到相关标准。

在机动车停车方式上，多层安置区主要采用小区出入口附近设停车场和路边停车两种方式，如唯亭镇张泾新村。也有住宅底层车库加路边停车的方式，采取这种方式的有木渎镇馨乐花园、阳澄湖镇阳澄花园等（图4-76、图4-77、图4-78））。新近建成的高层安置区中，则一般采取地下车库的停车方式，例如天韵苑、天逸苑等。目前多层安置区居民反映，停车空间严重不足，常侵占道路空间，引发交通堵塞。

非机动车停车方面，由于安置农民原来的出行方式以农用交通工具和非机动车为主，所以非机动车停车在规划中得到重视，大多根据需求设计了底层非机动车库。但在实际使用中，底层车库一般用作储藏室或出租屋（图4-79、图4-80）。

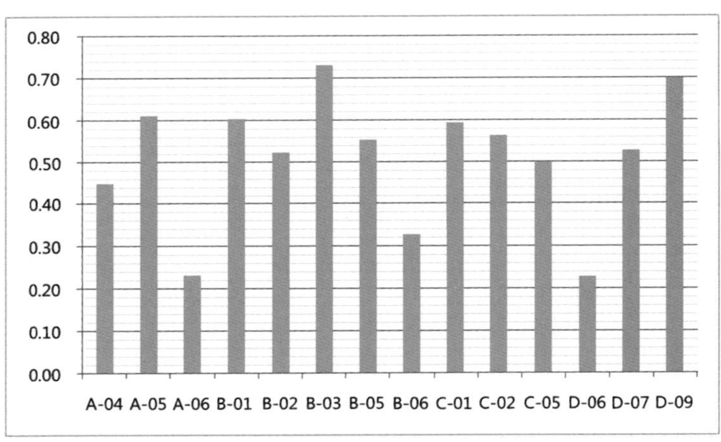

图 4-75　部分安置小区停车率统计图

优点：存取车方便
缺点：绿化率较低

图 4-76　W 区 M 镇某安置区

优点：绿化率较高，存放车辆方便
缺点：宅前路设计不合理

图 4-77　X 区 Y 镇某安置区

优点：车库面积大，存取方便
缺点：绿化率低，环境影响大

图 4-78　X 区 W 镇某安置区

图 4-79　小区门口摆地摊

图 4-80　底层车库开店

7）市政公用设施

各安置区在市政公用设施的配置上基本与小区建设达到同步，包括通电、通水、通气等基本要求。通过访谈也了解到，安置区水、电、气等供应情况良好，农民较为满意。在环卫设施方面，各区在住宅单元底层入口处都配备有垃圾分类收集点，并有专门的环卫工人进行住区环境卫生的清洁。

大部分安置区没有单独设置公共厕所，大多利用社区服务中心的卫生间，或者将小区物业管理用房的卫生间对外开放。如天韵苑的公厕布置在小区会所二层，马浜花园、玉盘家园等也未专门设置公厕，而是利用社区服务中心的卫生间。安置区规划时对公共厕所的忽视，造成居民户外活动时非常不方便，尤其是举行红白喜事时常常出现“无处方便”的情况。

4.6.2　问题分析

1.“外援缺位”，与城市互动不够

与城市其他住区一样，安置区与城市的关系如同细胞与肌体，安置区是构成城市结构的最基本细胞单元，其健康生长需充分吸收城市肌体的养分。安置区既要配套最基本公共服务设施以满足安置农民的基本公共服务需求，同时也应实现与城市的互动，共享城市公共服务设施以提升安置农民的生活品质。但就所调查的安置区来说，由于其规划选址上的局限，往往远离城镇或城市中心区，从而难以有效利用城市公共服务设施的“外援”，不能共享城市化成果。

如不少安置区自身未配套中小学或幼儿园，需要利用镇区的教育设施，有的要穿越好几条镇区主干道，既不方便，也不安全。访谈中，有很多安置农民希望子女能到城市中条件和教育质量更好一些的初、高中就读，但由于区位和距离等问题，这方面的要求很难实现。

2. “自给不足”，配套规模偏小

安置区的公共服务设施配置，对外存在与城市良好互动不够，“孤立无援”的问题；对内也遭遇自身配套规模偏小，与安置区人口规模不协调，“自给不足”的困境。

“自给不足”的问题不仅表现在部分安置区规划设计时配置的公建规模低于规范标准（图4-81），而且还由于安置区内普遍的居室分割出租、非居室额外出租以及一室居住多人的现象，使得安置区外来租住人口众多，小区实际居住人口大大超过设计规模，由此造成原本符合规范的公共服务设施配套也出现公共服务设施用房不足的问题。如据唯亭镇张泾新村2007年的统计，小区户籍常住人口6930多人，外来暂住人口却达12284人。

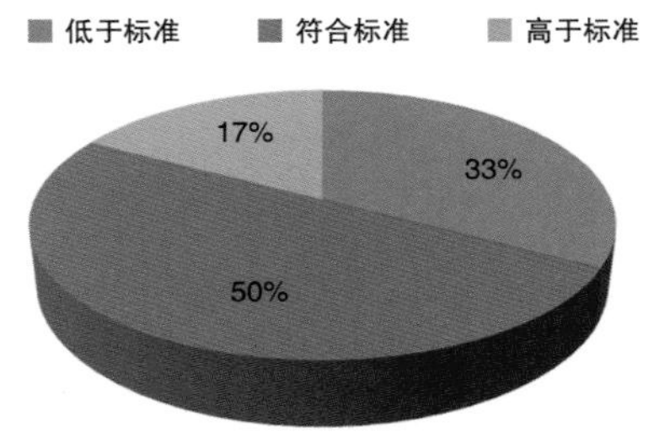

图 4-81　各小区公建配建规模与规范标准比较

3. “用而不配”，与实际需要脱节

不少安置区在公建配置时，由于未能充分了解农民的实际需求，简单地生搬硬套城市居住区的规划手法，导致许多安置农民有实际需求的公共服务设施，未能在规划设计中得到应有重视及配置，形成“用而不配”的现象。

1）传统生活习俗的需求

如上所述，课题组在调查中发现，几乎每一个安置区都会有搭建“木园堂”的现象（图4-82），有的搭建在公共活动场地上，有的临时搭建在宅间绿地上，或搭建在地面停车位上，甚至有的搭建在安置区主要道路上。虽然木园堂受到安置农民的欢迎，但由于规划设计时未能充分预见木园堂的需求，故而没有合理规划木园堂的搭建位置和场地，实际使用时的随意搭建严重影响了安置区的正常秩序及生活环境：交通混乱、噪声、垃圾等对其他住户与环境产生影响，有时甚至激发邻里矛盾，破坏邻里和睦。如在一个安置区就发生过这样的纠纷，一家农户搭建的“木园堂”占据小区主要道路，另一名农民在驾驶摩托车路过时，为避让这家人堆放在道路上的杂物，将摩托车开向了小区绿地，撞倒了一名正在行走的老人。

图4-82 “木园堂”占据绿地

2）日常生活消费的需求

安置农民过去的生活方式是自家种植蔬菜、粮食等副食品，而搬迁到安置区后，这些日常的消费品已不能自给自足，农民只能去周围的大型超市、镇农贸市场来满足消费需求。但是，这些城市型的大型卖场或市场往往距离安置区较远，不能满足农民的日常需要。因此，农民反映很多消费需求，尤其是与日常生活息息相关的生活必需品，如粮、油、蔬菜、农副食品等等，很难在近距离的商业设施中得到方便、有效的满足。还有一些日常生活必不可少、需求旺盛的消费项目，如美容美发、洗浴、小吃、房屋中介、装潢装饰等，也在规划设计中被忽视，安置区中难以觅迹，造成农民生活不便。正因为以上原因，安置区底层车库开店、小摊贩乱设乱摆的情况应运而生，以弥补规划公共服务设施的不足。

3）规划未充分预见的需求

规划设计时对机动车停车位数量的预见不足是所调查安置区普遍存在的共同问题。课题组在G区D镇某安置区调查时了解到，安置区在2003年规划建设时，基本没有考虑到居民对机动车停车位数量突飞猛进的需求，当初规划的机动车停车位不仅数量不够，而且位置也不合理，主要集中在小区内户型较小的单元门口（空地较多）。而如今，40%的安置区居民家庭拥有小轿车，尤其是大户型居民家庭拥有机动车的比例更高，但是小区当初规划仅有的一些机动车停车位却集中在小户型楼层前，使得停车问题凸显。晚上九、十点以后，想在小区内找到一个停车的位置几无可能。于是，课题组发现，小区居民为了停车，会想出各种方法，用石子、花砖，甚至是水泥，在自家楼前的绿地草坪上自行铺设停车场，严重影响小区整体环境（图4-83、图4-84）。

停车难的现象在G区另一个安置区中同样存在。课题组在调查中了解到，该安置区当初规划的停车位有1800个左右，经过几次改造，停车位又增加了2000多，但由于缺口太大，依旧很难满足安置区居民的停车需要。

规划中未充分预见的需求还有公共厕所的配置，所调查的安置区均较少设置公共厕所。但由于安置区的特殊性，户外活动的居民多，外来设摊服务的人员多，特别是在“木园堂”举行红白喜事时人员集中，对公共厕所的需求量特别大。公共厕所的缺失，不仅居民和外来人员深感不便，而且随地“方便”给小区环境卫生带来很大负面影响。针对这一问题，许多小区也都曾设想补充建设

图4-83　某安置小区居民用石子、砖块儿等铺设停车位

图4-84　居民的活动场地、被机动车占据

5月11日，在对东渚镇龙山花园居委会的访谈中，社区居委会主任反映，由于社区设计之初未能考虑到商业设施，尤其是基层商业设施的布置，所以，社区底层车库开店的情况比较普遍，规模在300户左右，每户车库不到10m^2，底层开店的总面积约3000m^2。

马浜花园周边大型商业设施较好，且交通便利。但缺乏基层商业设施，底层开店的现象依然存在，数量在200家左右，以小卖部、副食店及中介为主。

公厕，但由于公共厕所的邻避特性，住区居民一般都不愿接受在自己住房附近建设公厕，造成插建选址异常困难。因此，若规划之初未能很好地考虑公厕建设，安置区建成后将很难进行补建。

4. “配而不用”，与生活习惯不符

安置农民从原来的农村搬迁到现在的集中安置区，生活方式、社会结构发生了巨大变化，与原来的生活习惯产生冲突。农民本可以自己选择和布局的居住环境、活动场地、景观风貌等，现在却由别人事先安排，造成“配而不用”的情况。

1）小区公共活动场地

尽管安置农民脱离了原来的居住环境，但是他们的许多生活习惯依然延续了下来。调查发现，安置农民不同于城市居民，他们一方面依然习惯于在室外公共空间进行社会交往，家长里短，谈天说地，但另一方面他们又不习惯专程到安置区设计好的集中公共活动场地聊天，所以在很多小区都可以看到，许多农民三五成群，围坐在住宅底层的车库门口或楼道口附近聊天，这样既可以照顾到家里的动静，又加强了邻里的沟通和交流，丰富了闲暇时间的生活。特别是安置区里的很多农民没有稳定正式的工作，闲暇时间较多，所以这种情况尤甚。

由此形成了这样一种景象，一边是住宅底层的车库门口或楼道口附近人头攒动、门庭若市，有时甚至有些拥挤，却缺少相应的开敞交流空间，而另一边的安置区中心，按规划配置并经过精心设计的公共活动场地使用率低，显得有些冷冷清清。例如在某两个安置区，其住宅建筑均为高层，虽然在小区中央布置有精心设计的中心绿化景观和公共活动场地，却居民稀少。这种“配而不用”现象的根本原因是规划布置的安置区公共活动中心和场地，其位置超出了使用者日常生活的领域范围，不符合农民在自己的领域空间内开展日常生活的传统生活习惯。

2）小区绿地与景观

绿化环境的设计优劣会促进或抑制安置区居民的使用效果。安置区内的绿地和景观，不仅美化环境，供人观赏，而且应是人们活动和交流的场所，是与居民生活最贴切的公共空间，因此在安置区绿地设计中应布置适当的活动场地和设施。但在所调研的安置区中，都或多或少存在以下两方面的问题。

（1）绿化配置不合理。或许由于造价经济等原因，安置区公共绿地往往存在"大草坪"现象，树种配置也缺少层次、美感和特色，植被以低矮灌木、草坪为主，缺少富有地域特征的高大乔木，使得景观绿化单调乏味，居民们在夏季也缺乏纳凉空间。

（2）绿地空间可达性差。安置区公共绿地空间往往以观赏为主，居民较难"身入其境"地使用，难以亲近自然。有的是大面积的绿地中没有设置穿越性小路，有的是用灌木围绕绿地种植，阻碍居民进入绿地，也有的是无人管理，绿地中央杂草丛生，甚至宠物粪便满地，人们不愿进入（图4-85）。

图 4-85 小区绿地以绿篱围种，阻碍居民进入

4.6.3 规划对策

1. 内外兼顾，共享城市服务

一个健康、可持续的安置区既能保证城市在城乡一体化进程中的发展动力，又能从与城市的良好关系中获得安置区自身的活力。由此，安置区的规划设计，包括公共服务设施的配置，如何实现与城市的互动极其重要。为此，课题组提出几方面的相关规划对策，以实现与城市公共服务设施的互动，保障安置农民与其他居民一起共享城乡一体化发展成果。

1）公共服务设施分级配置原则

安置区公共服务设施应当像城市其他公共服务设施一样，实施分级配置的原则。如对于本课题提出的2000～4000人规模的农民安置区，可按照课题组提出的《农民集中安置区公共服务设施配置规划指引》（以下简称

《指引》）的一般规模进行公共服务设施的配置；人口规模有所浮动时，可根据《指引》中的千人指标对其中部分项目进行调整。同时，《指引》在公共服务设施中增设一项预留用地，以满足居民对于公建日益增长的需求。

对于教育类公共服务设施，安置区人口规模不足以达到配置下限时，《指引》提出与城市共享，在城市居住区级配置。当安置区与周围其他居住区总人口规模达到配置下限时，可按配置要求对中小学等教育设施进行配置。

已建成的农民安置区，其人口规模往往较大，有的甚至达到几万人。对于这样人口、用地规模均偏大的安置区，宜按照《指引》的千人指标计算总体规模进行配置，空间布局上，建议采取多点布置，且每处应符合一般规模规定。

安置区级公共服务设施配置项目及空间布局建议

表 4-13

功能类型	设施构成	空间布局建议
商业商务	商业、办公、银行支行、房屋代理、旅店、餐饮等	集中布置，环商业广场四周布置或形成商业街
文化娱乐	放映厅、图书馆、书店、网吧、录像厅、酒吧、棋牌室、创意作坊等	集中布置，形成文化娱乐街（区），可结合周边天然地形如绿地、河道等
商业娱乐	百货店、专卖店、餐饮（酒馆、餐馆和外卖店等）、菜场、健身中心	集中布置，形成中型建筑综合体或商业娱乐街（区）和广场
教育设施	中学	集中或成片布置
医疗护理	地段医院、诊所、老年护理中心	成片布置

2）农民安置区内部公建配置对策

安置区公共服务设施应当从与城市互动的角度来考虑，根据规模、区位、与城市或镇的互动程度等，重新定位安置区商业设施的配套小布局（表4-13、图4-86～图4-90）。

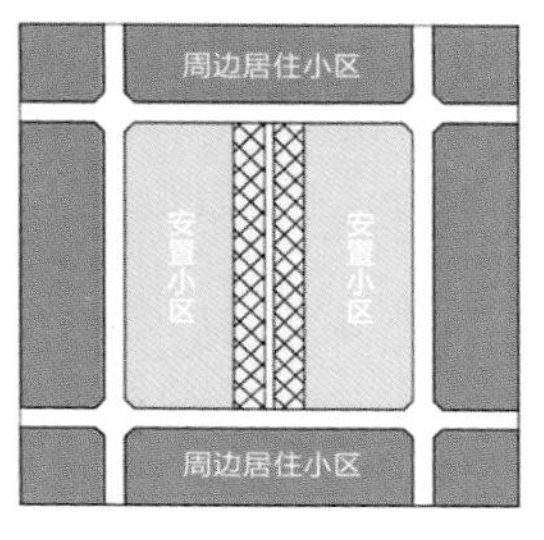

图 4-86　小区内部形成商业街

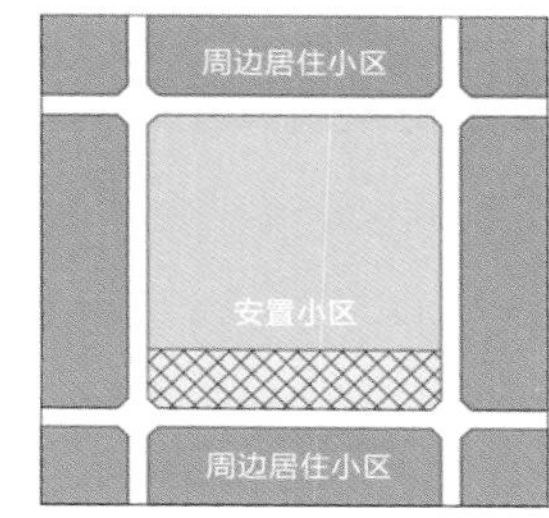

图 4-87　道路一侧布置商业街

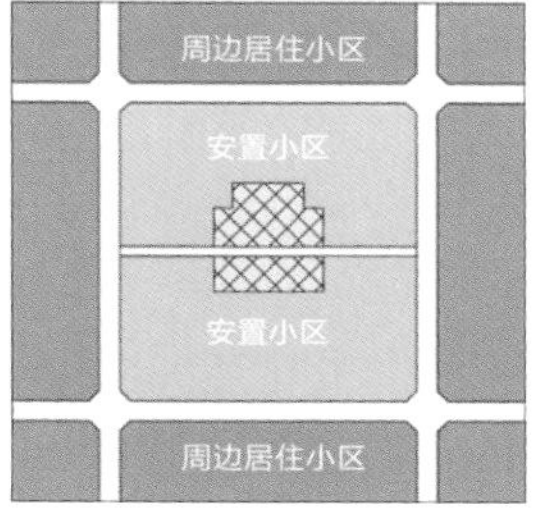

图 4-88　小学和商业形成小区中心

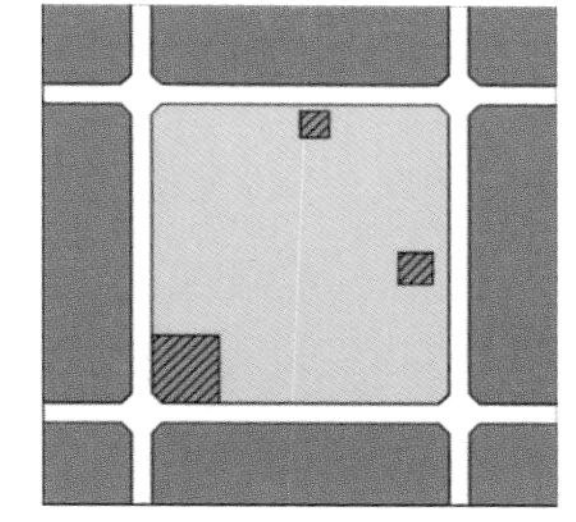

图 4-89　点群式布置在小区内部

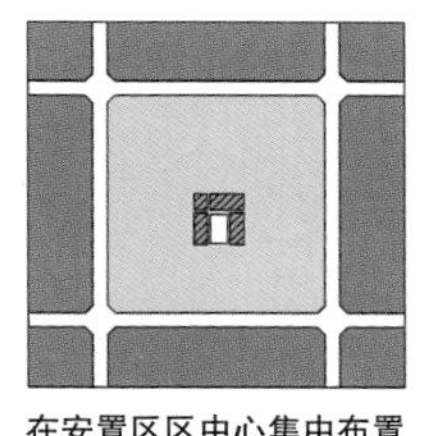

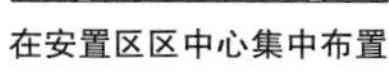

在安置区区中心集中布置

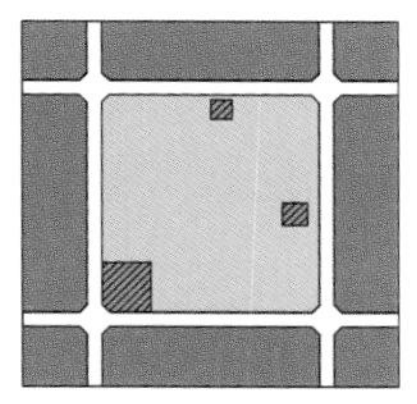

散点布置

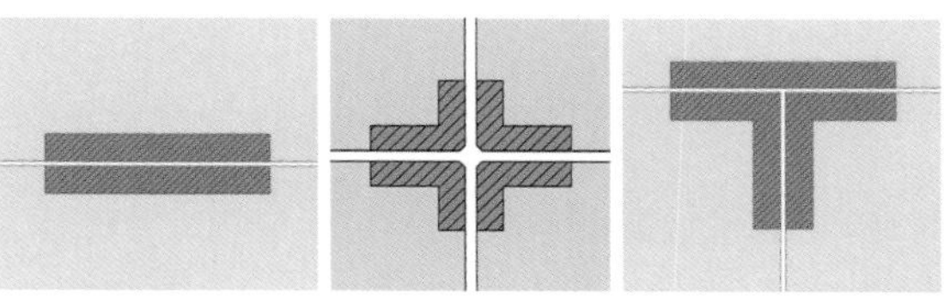

沿道路布置　沿道路交叉口布置　沿道路交汇处布置

图 4-90　安置组公共服务设施配置空间布局示意图

（1）日常消费类商业设施。

安置区的日常消费商业设施配置源于居民消费需求的导向，不属于可有可无的消费形式，如便利店、理发店、洗浴室等，它们的租金承受能力及对地段的要求相对较低。因此，在规划中可考虑将这些设施放在商业价值不太高的地段，同时考虑其服务半径应满足使用便利性。

而对于一些居民其他消费需求，如房屋中介、职业中介等项目，他们的服务对象不仅面向本安置区农民，同时还面向外来人群。其位置应考虑在住区出入口处或沿街道设置，并具有良好的可识别性。这些服务类设施由于污染等较小，可结合住宅底层或架空层设置。

（2）餐饮及文化娱乐设施。

餐饮类设施对于安置区中外来人群是必需的商业配置项目，但由于这些设施的排油烟、排废水等特性，对于安置区环境影响十分明显，所以规划布置时不宜安排在住宅底层或是一般的商业用房处，而需要规划可设专门排烟口的服务用房。

文化类设施主要包括网吧、棋牌室等。这类设施具有一定的集聚效应，周边同时会出现一些餐饮、小商店等，且这类设施的经营运行会吸引大量的外地年轻人群和本地失业人群，人员结构较为复杂，所以其布局不应过于深入安置区内部。

（3）大型销售类。

这里的大型销售类主要指安置区附近的大型超市、菜市场等。首先，对于大型超市来说，这类设施往往规模较大，商品种类丰富，所以在规划时要考虑其便捷性和居民的可达程度。其次，对于大型的农贸市场来说，这类设施一般在原有镇规划中布局、安排，安置区在布局时尽量不要受其环境影响。

3）教育设施配置对策

（1）扩大规模与服务半径。

当我们用传统的“邻里单位”等理论看待现代小区，尤其是安置小区规划时，很多问题不能被当时的理论来解决。如安置居民本身文化水平偏低，他们更希望子女接受更好的教育而不像他们一样，并且大部分安置居民有时间接送自己的子女上下学。

实际的生活中发现，目前教育质量的高低往往是居民更重要的选择因素。所以，要从城市的角度安排教育设施和标准，扩大原有镇区高质量学校的规模。这样，教育质量好的学校不仅可以满足周边安置居民子女的就学，同时也会吸引服务半径外的生源，从下一代做到了城市的融合。

（2）教育设施的位置。

首先，不能像其他小区一样，将幼儿园等布置在小区中心，与居民生活区混杂，而是将学校布置在居民生活区外围。其次，可以将学校的闲置时间向安置居民开放，为这些居民的再就业培训等活动提供场所。

2. 科学定量，提高配建规模

1）刚性与弹性指标相结合控制

首先，对于安置小区公益性和政府服务性质的设施，规划时就要优先考虑其公平问题，在这些项目的配置时应予以更多的照顾。公建指标作为政府调控社会资源配置的手段之一，就是要为安置居民的基本生活保障，尤其是老年人设施、便民设施给予预留，提供最基本的保障，规划时可对这些项目的规模提出一个控制指标。

而对于其他的公建项目，应该作出不同的安排，如一些弹性很大的项目，可以根据市场来运作，基于市场价格机制来配置，规划控制时以指导性指标为准。如一些商业、服务类设施，在配置量上不应该规定得过死过细，而是由市场运作，弹性控制。

课题组在研究了北京、上海、重庆等地的相关公共服务设施配置标准的基础上，针对苏州农民安置区的特殊需求，根据“以人为本”的基本要求，并结合现状调查情况与课题的研究成果，创新性地提出了“农民集中安置区公共服务设施配置规划指引”（详见附件2）。其中政府公益性设施和福利设施等项目，采取控制性指标刚性控制的方式，保障其满足基本需求，体现公共服务的公平性；商业服务设施等采取指导性指标弹性控制的方式，规定其规模上限，充分发挥市场的调控作用。

2）特殊人群的针对性指标控制

过去传统的千人指标，主要针对的是人口规模，但当考虑到人口和需求时，其作用却是不充分的。安置小区居民和需求不同于其他小区。对于这样的特殊人群来说，公建配置应当做到“量体裁衣”，区别化对待。同时，安置居民在城市化进程中，本身也有市民化的过程，这需要在配置时充分考虑其需求的变化，在公建配建时预留一定的规模。

针对许多安置区建成后外来人口增多的调查情况，课题组建议在公建配置时，增加一项“公建预留用房”，规模按照每千人40～60m^{2}来配置，一般建筑规模控制在1000m^{2}左右，以针对外来人口、租住人口增多，以及农民需求增长所带来的公建用房不足的情况。这一规划对策也已体现在课题组编制的公建配置规划指引中。

这样，一个弹性并留有发展余地的配建规模才能满足城乡一体化安置居民的需求，兼顾社会发展的效率与公平。

3）配建合理停车规模

首先，提高安置小区的停车位率，在已经建成的小区中，规划停车位已经不足，可以通过改建部分小区空地为停车场地，或在小区建设地下停车场地等方式增加停车位。其次，在新建的高层小区中，虽然停车位率基本在60%以上，但在规划中要考虑住户停车习惯和消费能力，从居民的角度考虑，合理地提出一个地上与地下车位的比例。

3. 双管齐下，完善配套内容

1）面向本地居民

安置居民以前在食品蔬菜上基本属于自给自足的方式，而现在他们只能到镇上的集市或是周边的大型超市来购买。所以，规划应尽量考虑居民的这种新的消费变化，增加基层的食品蔬菜、副食品店，方便居民的日常购物。在公益性设施方面，考虑到居民有接受再就业培训的需求，政府可加大投入为这些居民提供职业技能培训、就业指导等一条龙服务，使居民自食其力，不仅改善居民自己的生活，同时也减轻了政府的压力。同时，针对安置区老人多的特点，可以增加一些老年人养老设施，如日托所、老人中心、老人服务中心和家政服务中心等内容。最后，为丰富居民的业余生活，在小区中可以配备多功能会堂、文化馆、图书馆等设施，不定期举行讲座、培训，举办居民喜爱的评弹、戏曲等活动，丰富居民的业余文化生活。

在公共服务设施项目的设置上，以前的安置区往往不能预见居民新的消费需求，这就需要在规划前进行市场调查，配合实际调研进行公共服务设施项目的确定。尤其是第三产业设施上，安置小区居民有着大量职业变动、房屋买卖等需求，所以职业介绍所、房屋中介、法律咨询等项目的设置，已经成为安置小区必备的配套公建项目（图4-91）。

2）兼顾流动人口

外来流动人群同样也是安置小区公建配

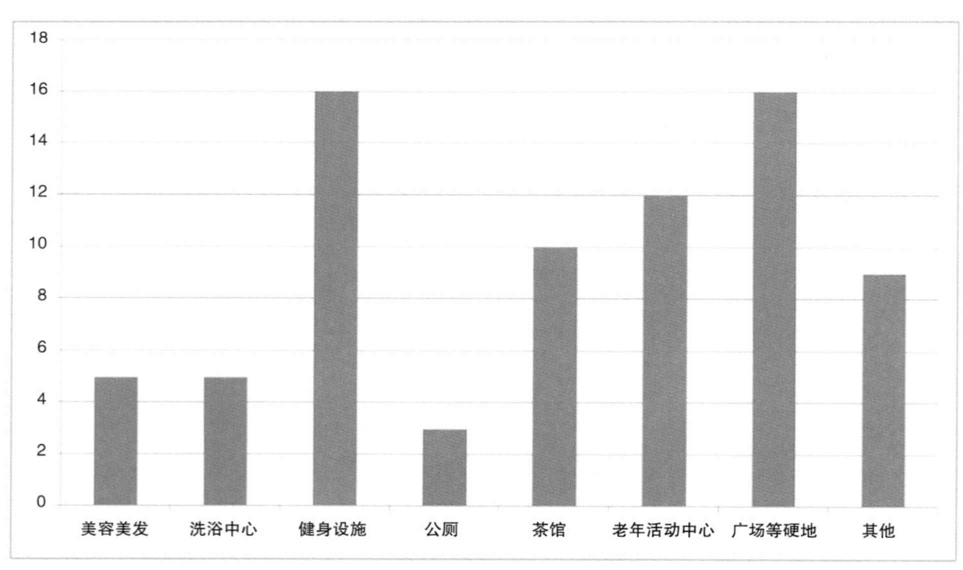

图 4-91　居民对公共服务设施的需求调查

置须重视的一个群体（表4-14），他们在生活上与安置居民不同，比如他们对于子女教育等设施考虑很少，更多的是考虑自身的生活。为了维持生活和生存需求，他们的消费具有短时性、局限性、维持性与最小化性，所以在配置上要注意满足他们的需求，如配置一些理发店、小型超市和便利店等较低等级的公共服务设施。同样，在社会交往上他们也有一定的封闭性，一方面由于他们在小区内容易形成自己的生活圈子，另一方面，正规的娱乐场所收费高，他们一般不会进入，所以在配置项目时应多为他们考虑一些网吧、舞厅和酒吧等设施。最后，由于外来流动人员在外地还有亲人，所以为了满足他们精神上的寄托和需求，建议多配套一些话吧、邮局等项目，同时打工者有往老家寄钱等需求，所以金融服务也是需要考虑的重要内容。

安置农民与外来流动人员需求对比　　表4-14

	安置居民需求	外来流动人员需求
根本特点	生活改善型	基本保障型
工作地点	本地、就近	附近工厂、企业
职业取向	保洁、保安等为主	服务业、技术工人为主
经济收支	视待业补助、家庭经济状况而定	主要为房租、日常消费等
教育培训	子女教育的教育需求较高	子女就学需求低
就业需求	需要职业培训为主	以职业介绍为主
文化娱乐	较为重视，但基本条件较为有限	封闭性，网吧、酒吧等为主
家庭生活	与家人一起生活	与工友、朋友一起
生活设施	最大可能享有现代型的生活空间和设施	基本的生活保障设施
生活保障	争取社会保障和医疗保障	缺乏社会保障和医疗保障

4. 以人为本，协调供需矛盾

1）尊重居民需求，提供多种选择

（1）设置“木园堂”搭建场地。

可以看出“木园堂”的使用将会是目前大部分安置居民婚丧嫁娶的主要方式，所以应当尊重居民长久以来的风俗习惯，满足他们的需求。在规划中，充分考虑农民的需求，根据居民红白喜事持续时间一般为几天，出席人数多，仪式多的特点，在小区中规划或预留一处或几处场地，平时用来居民活动、锻炼和演出，在有居民红白喜事时用来搭建木园堂，并且设置集中的垃圾收集点和排污池，避免造成活动前后的清理不便。同时，在规划选址时，注意与周围居民住宅有一定的间隔，避免在进行婚庆典礼时造成其他居民生活上的不便。

通过对安置区的调研以及访谈，一座“木园堂”的尺寸一般为：宽度4～6m，长度10～11m。而一般每家人在举行红白喜事时，大约要有4～5座这样的“木园堂”，同时，还有1～2间临时搭建的木屋作为准备间和厨房。因此，在小区中可设置至少600m^{2}的临时搭建场地（满足50～60桌酒席的规模），作为红白喜事“木园堂”搭建场地。

（2）建设喜事楼也是另一种举行红白喜事的固定场所，这也是满足安置居民生活需求的一项措施（图4–92）。喜事楼一般是2～3层的建筑，可以为居民免费提供婚庆的一整套服务，建筑的用途不仅仅只是满足居民的婚丧嫁娶等活动，往往还兼具其他功能。以泰元社区的喜事楼为例，整座喜事楼共分3层，可同时容纳100桌酒席。红白喜事楼一层为农贸市场，二层及三层为"喜事楼"，居民可在此办宴席，举办活动。

图4–92 在小区中心设置喜事楼为红白喜事提供场地

通过利用活动中心、社区会所以及喜事楼等方式举办婚丧仪式（表4–15），逐渐向安置居民宣传和灌输新的城市生活方式，作为一种过渡，使得安置居民在婚丧嫁娶时慢慢开始接受新的生活方式。同时，对于过去农村遗风遗俗中不适应城市的传统，经过劝导和教育逐渐转变，使他们慢慢融入城市生活。

举行红白喜事三种方式的对比　表4–15

	搭建木园屋	利用活动室、会所	红白喜事楼
功能	只能进行红白喜事	其他功能为主，兼具红白喜事	以红白喜事为主，兼具其他功能
优势	便宜，符合农民风俗习惯	不需要单独建设，节约成本	更加正式，有利于市民化
劣势	占用场地，易造成干扰	与其他功能干扰，规模受限	投入成本高，平日利用率待加强

2）优化配建方式，改善居民生活水平

（1）关注老年安置居民。

安置居民中，老年人口较多，在公建配置中应该考虑增设托老所、日托所、老年公寓等针对老年人的公共服务设施。既可以考虑建设单独的养老院，也可考虑建设居家养老服务中心，这样，既可以解决老年安置

目前，越来越多的安置区开始关注老年人的日常生活和娱乐活动。龙山花园一社区将社区原有的小超市改建为老年活动室，其中有老年人棋牌室、老年人阅览室和老年人建设活动设施。

在马浜花园，同样有为老年人设置的活动室、报刊阅览室。有条件的小区还会建立电子阅览室，极大地丰富老年人文化和娱乐生活。

居民的养老问题，应对初露端倪的“空巢现象”，同时，采取这种方式，从某种程度上也可以解决中年居民的就业问题，一举两得。

在安置小区已建成的老年活动中心、老年活动室等设施中，应当注重通风、日照等室内条件，避免这些针对老年人的设施，在设计上存在缺陷，使用上又不当，从而损害老年人的身体健康。在这些设施的设计过程中，应当首先考虑老年人健康和心情的愉悦，让老年人拥有一个老有所乐、老有所为的理想且健康的室内空间。

针对此，课题组在制定安置区公共服务设施配置指引时，着重考虑了安置区人口老龄化现象较重的情况，在混合社区以及安置区，都着重考虑了针对老龄化人群的配建建议，如在混合社区层面，可配建托老所，在安置区层级可设置老年活动室，老年活动场地。这样，保证安置居民，尤其是老年安置居民老有所乐，老有所为（图4-93）。

图 4-93 安置区中设置老年活动室、老年人健身室

（2）提高居民生活水平

在许多安置小区中，公共服务设施仅仅考虑了如何改善居民消费，方便居民生活。但是，这些方法往往不是一劳永逸的，不能成为真正改善居民生活质量的有效途径，无法收到理想的效果。

基于此，课题组提出，可以将一部分公建用房留给安置居民，作为其创业及再就业的平台，作为其改善生活水平的途径，作为其增收创收的新起点。在规划中，可以将一部分公建指标让给安置居民，供他们开办创业商店、创业作坊等，同样，也可以单独建设安置居民创业街、创业园，为其提供商机，提供就业。这都是一举两得，甚至一举多得的公建配置措施。

5. 特色先导，强化空间形象

1）室外空间环境设计对策

首先，提高可达性与交往便捷性。任何活动场所，若没有方便的交通联系，将是没有生命力的。对于安置区的居民来说，室外活动空间的方便、舒适联系是安置农民参与各项公共活动的保证，农民过去那种喜欢与村里邻居一起交流的习惯才能得到满足。安置区只有在规划上提高这些活动场地的可达性，才能吸引更多的安置农民，活跃小区的交流氛围。

充分利用安置农民易聚集的节点，如安置区的主要出入口、小区中心、主要道路、单元楼门口等地方，都是安置农民每日必经之处，有利于农民交流和见面。同样，在活动场地上栽植树木，设置景物就能引起农民对过去的回忆，给他们创造出一个温馨惬意的交流空间及活动场地（图4-94）。

其次，增强亲切感与健康安全性。设置一些小尺度的交往空间，当安置农民在小区交流时，如果有共同话题的农民在一起，很容易随着交流的深入不断拉近彼此的距离，交流的氛围也会慢慢变得融洽，仿佛回到过去的时光。同时，具有一定的交流私密性也可以保护安置区居民的隐私，消除他们的消极心理。

图 4-94　增加健身设施、儿童活动设施及合理布置运动场地

在安全方面主要考虑活动场地有充足的日照，良好的通风，有条件的也可以采取遮阴措施，防止恶劣天气的影响。在场地设计时也要考虑道路平坦，场地铺装平整，在有的地方还要注意防滑等措施，避免老人、儿童滑倒。

2）绿地及景观配置对策

安置区中的绿化设计首先是为了满足安置农民对自然生态上的视觉以及生理和心理的需要。“因地制宜”，根据苏州自身的气候特点，以乡土特色树种为主，辅以具有时代特征的新优品种，植物配植力求具有四季常青、四季有花的景观效果；另外，通过植物本身形态、颜色、高低的搭配、组合和变形，创造出色彩绚丽、层次鲜明、错落有致、鸟语花香、动静结合、意趣盎然、步移景异的多样化自然生态式植物群落景观。

（1）合理的植物配置。

树种的配置不仅要注重景观效果，更应兼具实用性。一是可以利用植物美化居住空间，改善住区小气候，为安置农民的户外活动创造怡人、舒适的空间环境，促进居民交流。二是可以用植物创造邻里中的标志物，增强空间的可识别性。三要加强地域特色树种的配置，既显示了本土特色，也为当地居民营造富有亲切感的生活环境。

（2）提高绿地的实用性。

绿地的实用性是指邻里中的绿地不仅具有景观环境的美化作用，还需有可达性和安全性，使居民能进入其内活动。首先，要避免建设空旷、无美感的大草坪，可采用林木、树篱及上顶盖等方式来改善环境条件，为居民户外活动创造舒适环境；其次，要减少“可观不可玩”的图面绿地，增强绿地可达性。例如将绿地设置在安置区中安全又易到达的地方，其边缘种植的植物不可阻挡道路和视线，内部种植的植物、设计的水池等要符合规范，达到安全要求。

附件 1 苏州市农民集中安置区规划对策要点汇编

第一部分	总则
1.1	目的：为了在苏州市范围按城乡一体化的思路和办法进一步推进农民集中安置区建设，规范和提高安置区规划建设水平，实现现代城乡统筹和谐相融的面貌。
1.2	原则：按照城乡一体化的指导思想，遵循“空间正义”的原则。使农民集中安置区规划建设与产业发展相结合，与自然环境相协调，形成和谐的城乡风貌，实现城乡公共服务和基础配套的公平共享。
1.3	适用范围：本次安置区规划对策适用于苏州市区（包括工业园区、高新区、相城区、吴中区）的农民集中安置建设。

<table>
<tr><th>第二部分</th><th colspan="2">选址与规模</th></tr>
<tr><th>现状问题</th><th colspan="2">对应规划对策</th></tr>
<tr><td>缺乏城市规划统筹：
一部分安置区的选址仅仅基于土地部门的土地利用规划，由于缺乏城市规划的指导，这些安置区在发展中往往会出现与其他城镇用地不协调的情况。</td><td>2.1</td><td>加强规划引领，保证空间正义：
（1）加强衔接，将土地部门选址、镇村布局选址统一起来，并通过镇总体规划予以确认和落实。
（2）进行规划创新，有条件的镇编制住房建设规划，将商品房、保障性住房、廉租房和农民集中安置区统筹考虑，通过镇区控制性详细规划予以法定。
（3）加强规划过程控制，科学制定建设实施时序。</td></tr>
<tr><td rowspan="2">缺乏持续生计考虑：
普遍缺乏“可持续生计”的考虑，从而导致农民在“洗脚上楼”的过程中造成“生活休克”。具体体现在选址过程中未考虑被安置农民财产性收入和就业性收入增益两个方面。</td><td>2.2</td><td>全面贯彻三靠，加强持续生计：
安置农民选址应该适度地靠近下列几个区域：镇区、工业区及专业市场。全面贯彻“三靠”原则，加强“可持续生计”在选址过程中的权重。</td></tr>
<tr><td></td><td>图示： 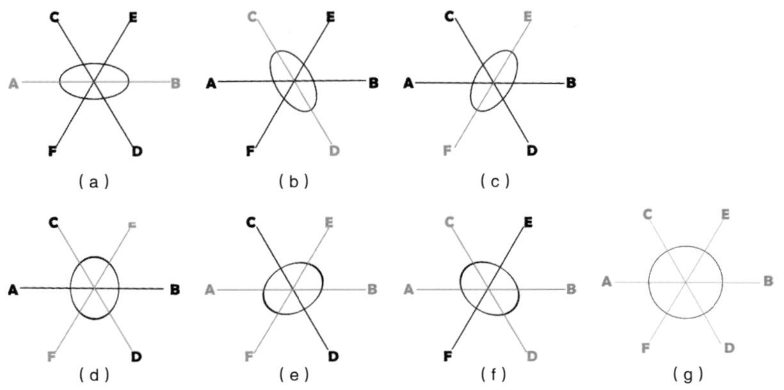
（a） （b） （c）
（d） （e） （f） （g）
（a）、（b）（c）受“三靠”中单要素影响绳圈图；
（d）、（e）、（f）受“三靠”中双要素影响绳圈图；
（g）受“三靠”中三要素影响绳圈图
“三靠”不同要素组合绳圈图示</td></tr>
</table>

续表

<table>
<tr><th>第二部分</th><th colspan="2">选址与规模</th></tr>
<tr><td></td><td></td><td>表格：
选址中安置区与各类工业区的适宜距离表
<table>
<tr><th></th><th>安置区选址中与工业区的适宜距离（L_a）</th></tr>
<tr><td>一类工业*</td><td>$L_a \leqslant 7$km</td></tr>
<tr><td>二类工业</td><td>500m$\leqslant L_a \leqslant 7$km</td></tr>
<tr><td>三类工业</td><td>1km$\leqslant L_a \leqslant 7$km</td></tr>
<tr><td>特殊化工企业</td><td>视具体工业材料的卫生防护距离而定</td></tr>
</table>
*考虑到安置农民与安置区租客的工作类型，不建议安置区选址时追求与一类工业区的联系。</td></tr>
<tr><td>选址引起的问题难弥补：
由于选址不当造成的安置区问题，是安置区先天“疾病”，不易通过局部的调整获得改善。</td><td>2.3</td><td>培育功能升级，弥补选址不足：
对于已经建设但选址不科学的安置区，可以通过“新村变新城”的方式，适当增加高层级服务设施与基础设施，培育功能升级跃迁，将一个或多个安置区因势利导转化为新城发展。</td></tr>
<tr><td rowspan="2">规模以拆迁为导向：
安置区人口规模的确定一般以拆迁为导向，一个阶段的拆迁人口决定了此区域安置区的规划规模。</td><td>2.4</td><td>大混小聚，转变规模导向：
改变农民集中安置区原来仅以拆迁安置需要为导向的确定规模方式，逐步转向“大混居、小聚居”的理念和导向，本课题建议根据各个混合社区所容纳的安置居民数量，将一次拆迁的居民分散至几个混合社区中安置。</td></tr>
<tr><td></td><td>图示：
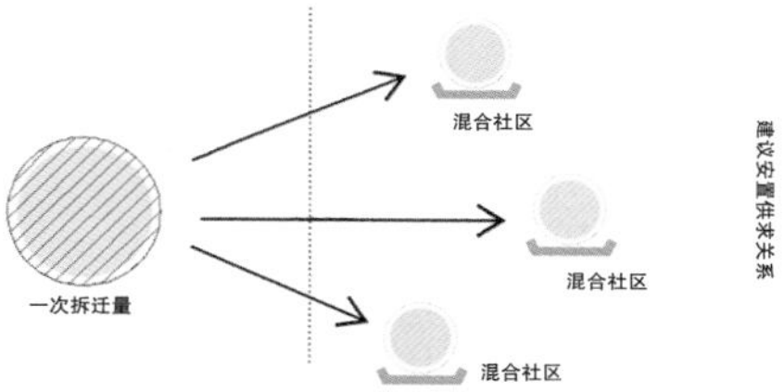

导向转变下，拆迁与安置的供求关系</td></tr>
<tr><td rowspan="2">用地人口规模偏大：
本课题统计的26个安置区平均用地规模达到34hm²，这一用地规模显然偏大。其中大于20hm²的占总调查安置区的63%。
苏州安置区的人口规模普遍偏大：一是规划人口偏多，二是实际人口偏多。</td><td>2.5</td><td>多管齐下，合理确定规模：
建议规划安置人口规模2000～4000人，多层安置区的用地规模为10～20hm²，高层安置区的用地规模为6～12hm²。</td></tr>
<tr><td></td><td>图示：
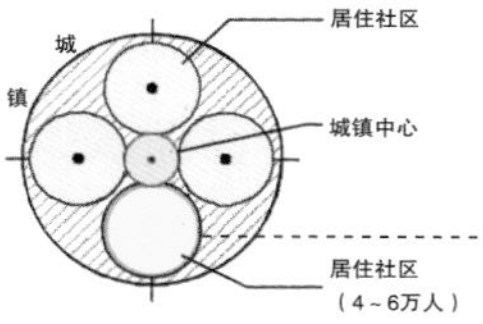

城镇空间构成图
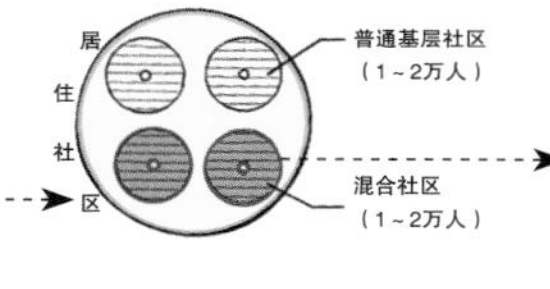

居住社区内部空间构成图
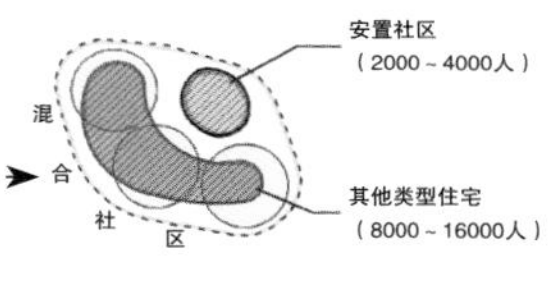

混合社区内部空间构成</td></tr>
</table>

续表

<table>
<tr><th>第二部分</th><th colspan="2">选址与规模</th></tr>
<tr><td rowspan="2">旧安置区的特殊情况：
苏州存在着一些特大型的安置区，较之于一般安置区这些安置区的问题更突出。</td><td></td><td>表格：
理想化安置区规模表
<table>
<tr><th colspan="2"></th><th>规划安置区</th></tr>
<tr><td colspan="2">人口规模</td><td>2000～4000人</td></tr>
<tr><td rowspan="2">用地规模</td><td>多层</td><td>10～20hm2</td></tr>
<tr><td>高层</td><td>6～12 hm2</td></tr>
</table></td></tr>
<tr><td>2.6</td><td>化大为小，消解规模问题：
对于已经建成的超大规模的农民集中安置区，可以以道路、绿化、水域等为硬界线，以居委管理界线、小区级服务设施范围、新型小区中心范围为软界线的方法“化大为小”，以此消解规模过大带来的问题。</td></tr>
</table>

<table>
<tr><th>第三部分</th><th colspan="2">布局与结构</th></tr>
<tr><th>现状问题</th><th colspan="2">对应规划对策</th></tr>
<tr><td rowspan="2">“小区—组团—院落”的规划模式：
苏州安置区的布局结构规划以传统的“小区—组团—院落”为起点。这种传统模式带来的缺点是：
功能分离，效率低下；
小区模式不利于管理；
不利于文化传承与特色塑造；
不利于农民生活习惯的渐变。</td><td rowspan="2">3.1</td><td>宏观层面，引入混合社区：
“混合居住”模式旨在小区层面形成相互补益的社区，尤其对于低收入群体来说，在社区层面提倡混合，农民安置住宅区与普通城市的各类型住宅区组合布局；在安置小区层面提倡聚集，形成相对集中的安置小区，但在集中的基础上强调对外的开放与城市的融合。
建议在每个居住社区内部设置混合社区。混合社区与基层社区处于相同层次且规模相当。混合社区内部除了有普通城市居住小区就社区中心外，还需设置以下几部分内容：廉租房小区、安置小区、集中出租公寓、自主创业坊。</td></tr>
<tr><td>图表：
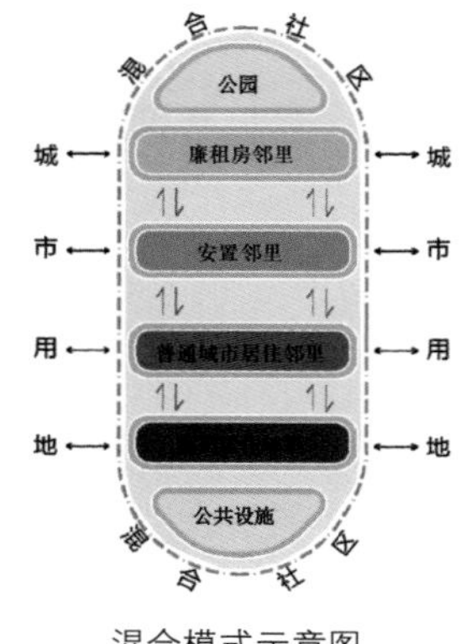

混合模式示意图</td></tr>
</table>

续表

第三部分	布局与结构	
		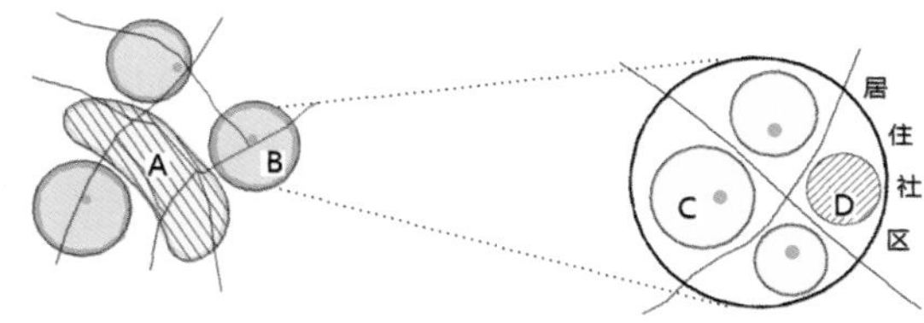 A:城镇中心　B：居住社区　C：基层社区　D：混合社区 “城镇—居住社区”布局 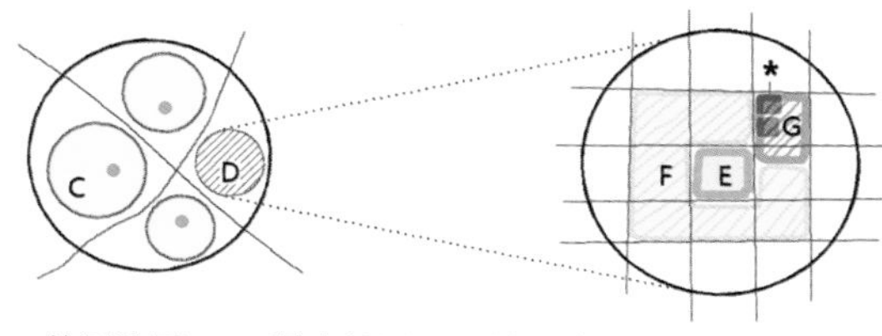 C：基层社区　D：混合社区　E：社区中心　F：其他类型小区 G:安置小区　*:出租公寓、出租商业及自主创业坊 “居住社区—混合社区”布局
仿效居住小区结构的痼疾： 安置区规划过程中为了满足安置需要人为减少了公共服务和空间结构的等级。此外，机械仿效传统住宅区规划模式，不仅会出现普通居住区实践中的一般问题，而且会引发一些特殊问题： 简单模仿，公共服务严重缺失； 针对不强，生活习惯考虑较少； 应对不足，影响城市融入进程。		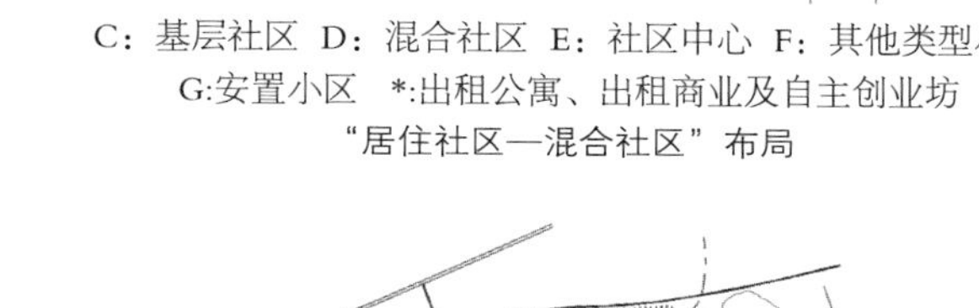 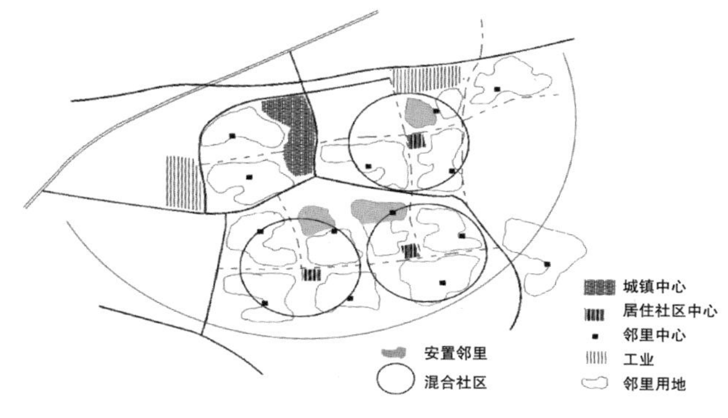 城镇层面混合社区用地模型图示 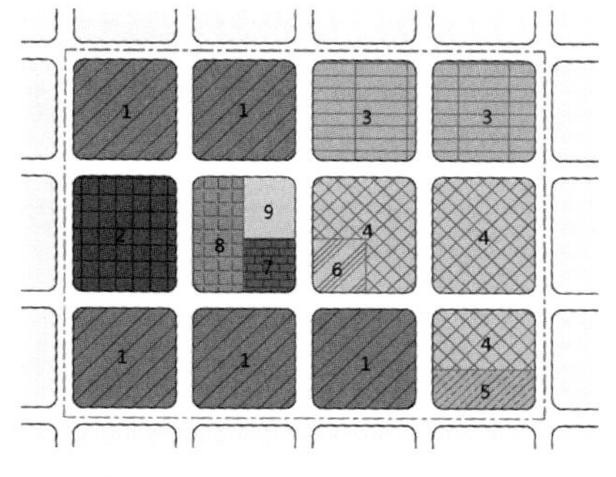 社区层面混合社区用地模型图示

续表

第三部分		布局与结构
缺乏针对农民安置的创新： 农民集中安置区是不同于城市居住区的一种特殊类型住区，其布局结构有其自身的特点和要求。	3.2	中观层面，形成双极结构： 本课题从安置区的内部结构入手，在充分研究旧结构的前提下，提出双层中心结构，即加强组团中心。 根据中观层面对策，结合一般城市小区布局，本课题建立了中观层面的空间模型（如图）。建议在安置小区中，除了普通城市小区设置内容外，增设以下内容：集中出租公寓、出租商业、自主创业坊、老年人公寓、组团中心。
		图示： 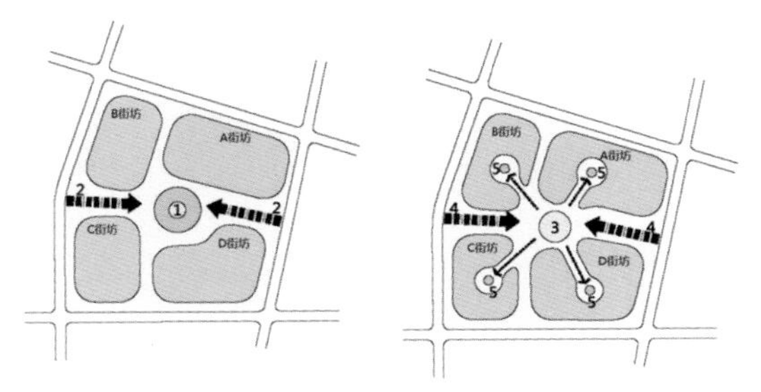 强调单中心转化为强调双极中心 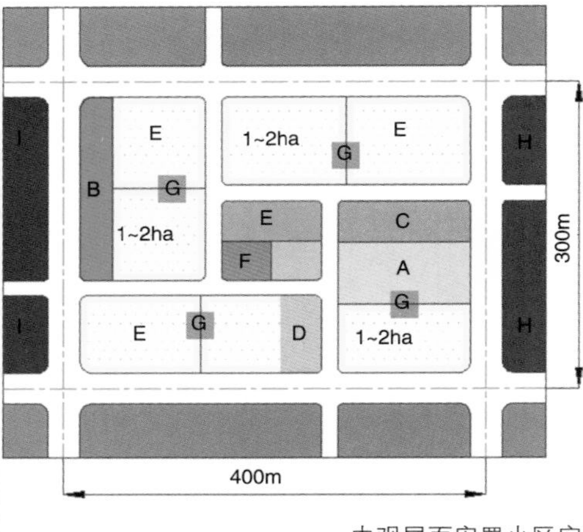 中观层面安置小区空间模型

续表

<table>
<tr><th>第三部分</th><th colspan="2">布局与结构</th></tr>
<tr><td></td><td>3.3</td><td>微观层面，回归居住传统：
安置区内的空间结构需要保留一部分传统，通过保持传统空间序列提高传统空间感。以普通的安置区组团为例，作如下优化调整：一是将与主干道的出入口从2个减至1个，并对进入道路作处理，使道路从小区进入组团时富有变化，从而形成过渡空间。二是适当降低组团建筑密度，在组团中间设置组团中心，为安置居民提供组团内部的交流活动场所。</td></tr>
<tr><td></td><td></td><td>图示： 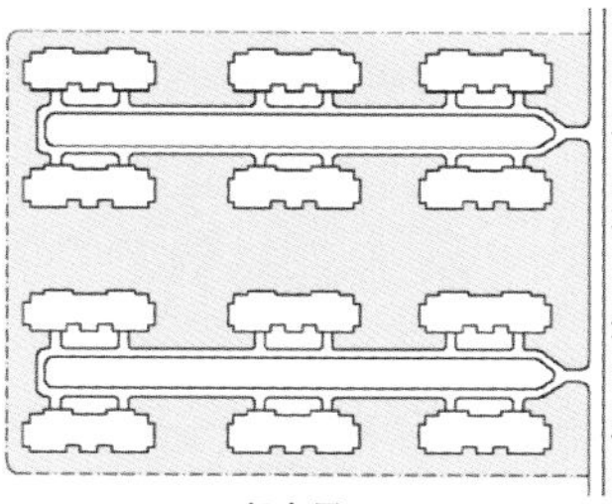
主要道路
一般布局 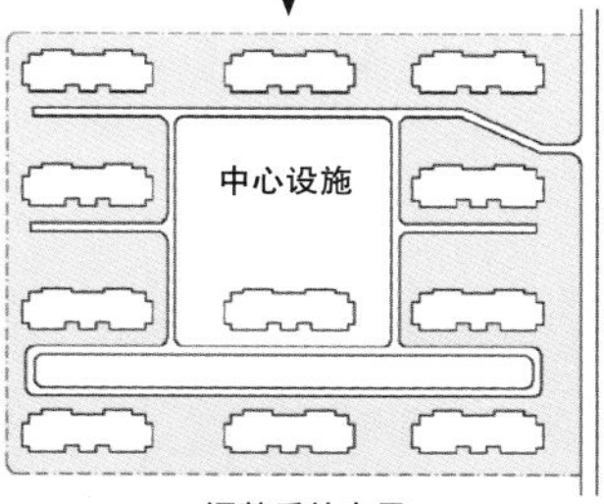
中心设施
主要道路
调整后的布局
中心设施
主要道路
半公共空间
过渡空间
半私密空间
调整后的组团空间序列
对典型安置组团的布局调整图</td></tr>
</table>

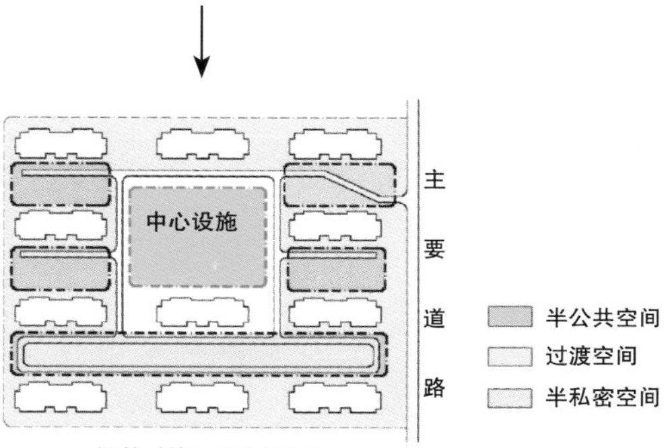

<table>
<tr><th>第四部分</th><th colspan="2">居住建筑</th></tr>
<tr><th>现状问题</th><th colspan="2">对应规划对策</th></tr>
<tr><td rowspan="2">居住形式缺乏多样性：
安置区的居住建筑类型单一，随着时代发展已无法满足日益多样的居住需求</td><td rowspan="2">4.1</td><td>提供多样化的居住形式选择：
（1）公寓住宅：适用于核心家庭独户居住以及老年人在宅养老居住。后者又分为跃层式和同居一层式两种形式。
（2）结合商铺的公寓住宅：将此类住宅安排在底层临街处，一层作为商铺空间使用，二层作为居住空间使用。
（3）集中居住：主要包括老年人公寓、老年居住单元和集中出租住宅。</td></tr>
<tr><td>表格：
安置区居住形式类型表
<table><tr><th>公寓住宅类型</th><th>集中居住类型</th></tr><tr><td>核心家庭独户居住</td><td>老年人公寓</td></tr><tr><td>老年人在宅养老居住</td><td>老年居住单元</td></tr><tr><td></td><td>集中出租住宅</td></tr></table></td></tr>
<tr><td>住宅套型类型可选性不足：
安置区的居住建筑片面强调了均好性，同一种面积的套型设计往往局限在一到两种形式，造成安置区住宅对于多样居住需求的适应性大大降低。</td><td>4.2</td><td>增强住宅套型的弹性：
（1）增强套间弹性：合理处理上、下楼层以及同层相邻套型间的关系，满足在宅养老老人与子女共同居住的需求。
（2）增强套内弹性：通过建立框架主体-移动隔墙体系，增强居住空间弹性，使其能适应家庭结构变化或专门用于出租等多种需求。</td></tr>
<tr><td></td><td></td><td>图示：
 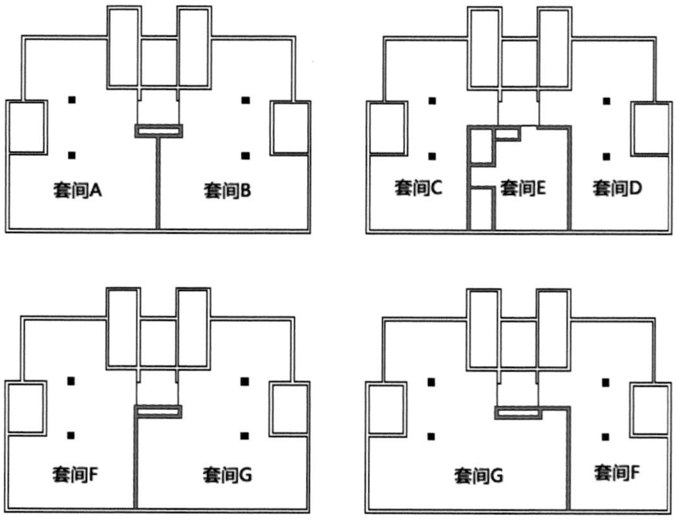套间A 套间B 套间C 套间E 套间D 套间F 套间G 套间G 套间F
套间弹性示意图（填充墙体为可变分隔墙）</td></tr>
</table>

续表

第四部分	居住建筑	
		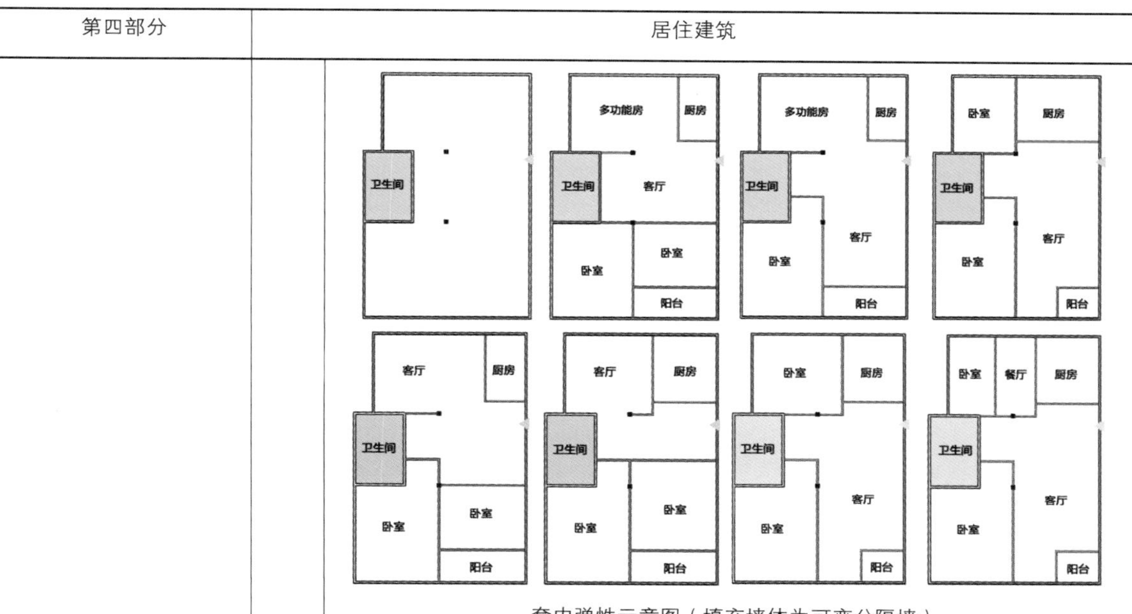 套内弹性示意图（填充墙体为可变分隔墙）
缺乏对老年人居住需求的考虑： 随着社会老龄化趋势的加剧，安置小区的套型设计缺乏对老年人的考虑。如较少考虑建筑的无障碍设计，以及没有考虑老年人与子女共同居住的需求等。	4.3	增强对老年人居住需求的针对性设计： （1）老年人与子女同住："老少居"的形式就需要增强住宅套型与套型间组合的弹性，包括跃层和同居一层两种形式。跃层式是指将老年人的居室安排在住宅的底层，二层由子女居住，住宅的门厅可以公共使用，促进子女与老人间的交流；同居一层式是借助于既能纳入住宅单元内又能独立于住宅单元之外的居住部分来变化套型类型。 （2）老年人单独居住：分为老年人公寓和老年居住单元两种形式。老年人公寓可以分为服务型、护理型两种，选址一般在小区中划分一块交通便利、环境优美、噪声较小处单独建设；老年居住单元的建筑设计中主要考虑无障碍设计、套型弹性设计、安全应急系统设计三方面内容，选址一般布置在小区的中心绿地附近，靠近社区服务、基础设施、幼儿园、小学等文教设施等。
		图示： 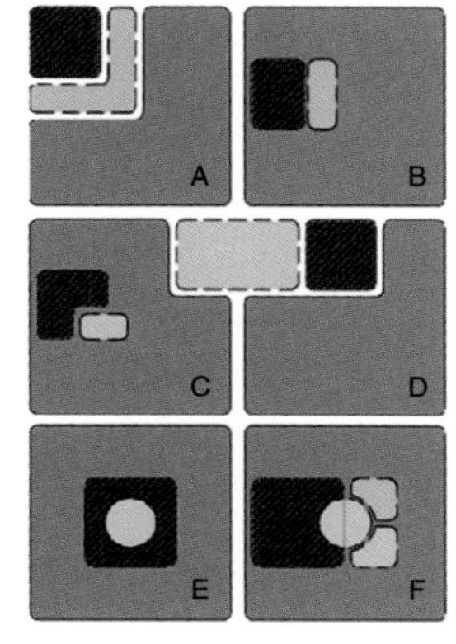 A. 老年单元位于小区边缘结合社区配套设施 B. 老年单元位于小区内部结合社区配套设施 C. 老年单元位于小区内部结合幼儿园布置 D. 老年单元位于小区边缘结合小学布置 E. 老年单元位于小区内部结合中心景观布置 F. 老年单元位于小区内部并混合布置 老年居住单元分类示意图

续表

第四部分	居住建筑	
缺乏对农民可持续生计的考虑： 新的小区空间和管理对居民经济利益呈有益影响的只有出租房屋和开店铺。规划设计时欠缺这部分的考虑，导致目前农民会将剩余的住房自行分隔出租，或在底层利用车库开店铺等，影响小区居住环境。	4.4	增强对农民可持续生计的针对性设计： （1）专用出租住房：建设专用出租住房时首先确定一个住宅基本框架，其后房间均用可移动的隔墙进行统一分隔。一般在小区中建设相对独立的出租住房组团。 （2）结合商铺的公寓住房：尽可能在组团间、沿小区道路旁布置符合本区住户需求的底层商铺，满足居民日常购物的便利性要求。而这种底层商业的性质可以是出租或是自用的，其上层变为自住的公寓住宅。
缺乏对农民生活习惯的考虑： 农民仍然保留着农村的许多生活习惯，目前对住宅底层、楼梯间和入户空间等针对性设计的缺失，对农民的社区归属感和融入度都产生了极大影响。	4.5	增强对农民生活习惯的针对性设计： （1）适当缩小住宅底层老年人住房的面积，将剩余的空间通过绿化和铺地处理并结合周围景观形成日常交往空间。 （2）半地下化底层车库。保持一定采光的同时避免车库过于复杂的功能使用。 （3）丰富楼梯和入户空间。在其中布置绿化和座椅，扩大楼梯间休息平台，创造入户过渡空间。
住区形态风貌千篇一律： 住区立面形态单调，缺乏特色性，建设现状千篇一律；农民生活方式、习惯未经引导，为生态环境考虑不足。	4.6	建设特色生态社区： （1）体现地域和时代特色。立面造型延续传统地域特色，同时吸收时代元素，丰富建筑形态。 （2）引入生态理念。着重考虑如屋顶绿化、节能技术、太阳能利用，通过建筑、绿化和土壤进行的雨水收集循环利用等，体现生态环保的要求。
住区开发建设倾向于单向行为： 安置区的开发建设由规划方案到施工建造都极少对动迁农民需求进行反馈，造成居住资源的极大浪费。	4.7	依据农民具体需求进行开发建设： （1）建设前应先获取农民意见，按需配置套型类型和面积。 （2）建设时由建设单位统一建造、管理，将住宅建成半成品，在保证其整体质量的基础上由建设单位根据住户反馈进行相应调整。 （3）建成后可采用招投标形式，依据农民反馈意见，对住宅进行精装修。

<table>
<tr><th>第五部分</th><th colspan="2">公建配套</th></tr>
<tr><th>现状问题</th><th colspan="2">对应规划对策</th></tr>
<tr><td rowspan="2">与城市缺乏互动的配置模式：
苏州安置区在公建配置上由于区位和自身的原因，造成其未能与城市其他公共服务设施共同构成良好的体系，缺乏互动。这种公建配置模式带来以下问题：
（1）公建配给往往不能满足需求；
（2）教育、医疗设施等缺乏共享性；
（3）商业服务设施未能照顾居民需求，车库开店现象未能杜绝。</td><td rowspan="2">5.1</td><td>内外兼顾的公建配置模式：
（1）居民日常消费设施的布置要考虑其服务半径以及租金承受能力。
（2）餐饮和文化娱乐设施布置时考虑其相对独立性，不要深入小区内部，干扰居民。
（3）大型销售类规划时要考虑其便捷性和居民的可达程度，安置小区在布局时尽量不要受其环境影响。
（4）教育设施布置时，考虑增加已有教学质量较高学校的规模和服务半径，吸引更多生源。学校位置选择，应避免与小区生活区的干扰。</td></tr>
<tr><td>图示： 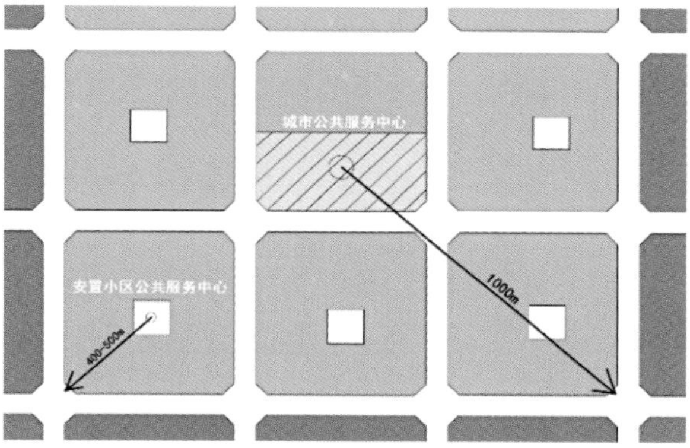
城市公共服务中心
安置小区公共服务中心
400-500m
1000m
安置小区公共服务设施配置考虑与城市公共服务设施的互动 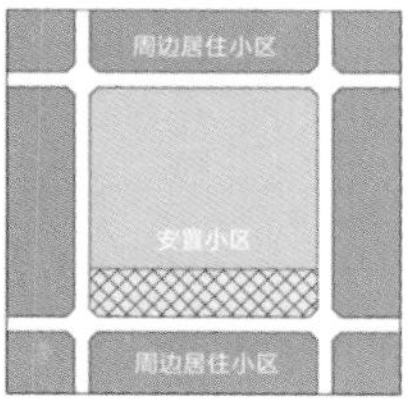
周边居住小区　安置小区　周边居住小区
沿街布置公建 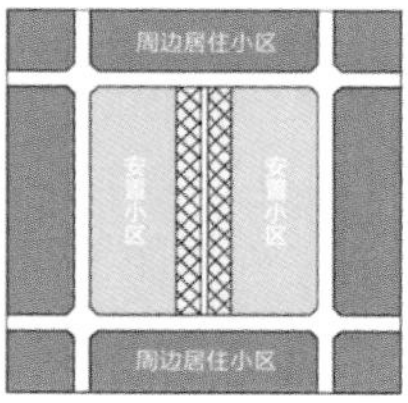
周边居住小区　安置小区　安置小区　周边居住小区
内部布置商业街 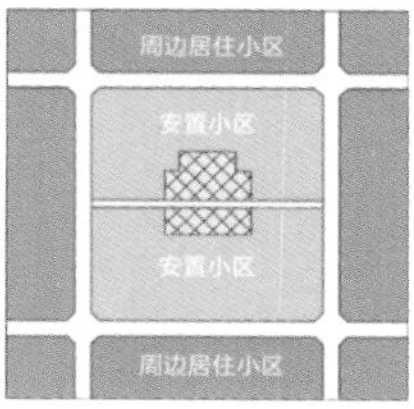
周边居住小区　安置小区　安置小区　周边居住小区
内部设置公共服务中心</td></tr>
</table>

续表

第五部分		公建配套
配置规模不足： 安置区的公建难以同时满足安置居民和外来居民的双重需求，往往造成公共服务设施用房和配套停车方面的不足。	5.2	科学定量、留有余量的配置模式： （1）指导与控制指标结合。对于安置区公益性和政府服务性质的设施，规划时可对这些项目的规模提出一个控制指标。对于其他弹性较大的商业项目，应由市场运作，弹性控制。 （2）针对特殊人群专门指标。对老年人口、外来人口等特殊人群的公共服务设施提出具有针对性的专门指标。 （3）提高停车率并且合理分配地面与地下停车比例。建议配置机动车停车率为1，非机动车为3.5。在非机动车位的设计上，建议采取机动车库朝内开门的方式。
		表格：

安置区公共服务设施配置表

	序号	项目	一般规模（m^2/处）		配置标准（m^2/千人）	
			建筑面积	用地面积	建筑面积	用地面积
医疗卫生	1	社区卫生服务站	80	60	40	30
	小计		80	60	40	30
文化体育	2	社区文化活动站	150	180	75	90
	3	体育健身室	50	50	25	25
	4	居民活动场地	—	400	—	200
	5	☆喜事厅（礼堂）	400	200	200	100
	6	小区绿地	—	800	—	400
	小计		600	1630	300	815
社区服务	7	社区服务中心	100	60	50	30
	8	老年人服务站	120	150	60	75
	9	☆再就业教室	80	80	40	40
	10	老年人活动场地	—	100	—	50
	小计		300	390	150	195
行政管理	11	社区居委会	100	120	50	60
	12	社区警务室	20	8	10	4
	13	物业管理及办公用房	120	60	60	30
	小计		240	188	120	94
商业金融	14	小型商业服务（☆）	400	200	200	100
	15	※自主创业坊（☆）	500	400	250	200
	16	※出租商业（☆）	600	500	300	250
	小计		1500	1100	750	550

续表

<table>
<tr><th>第五部分</th><th colspan="2">公建配套</th></tr>
<tr><td></td><td></td><td>

市政公用	17	公共厕所	40	40	20	20
	18	垃圾收集点	—	6	—	—
	19	再生资源回收站（☆）	50	26	25	13
	小计		90	72	45	33
20		※公建预留用房	100	100	50	50
总计			2910	3540	1455	1767

安置区机动车停车场（库）配置标准

分类	每户建筑面积（m^2/户）	小汽车（车位/户）	非机动车（车位/户）
第一类	≥90	1.0−1.5	1.0−1.5
第二类	<90	0.8−1.0	1.5−2.0

</td></tr>
<tr><td rowspan="2">配置项目与需求不符：
安置区公建配置时未能充分考虑农民的需求，缺少对安置居民的需求分析，生搬硬套其他居住小区的规划方法，造成配置项目上的不合理。</td><td>5.3</td><td>双管齐下的项目设置策略：
（1）增加公益性公共服务设施。主要是针对安置居民与流动人口的需求，如职业技能培训、就业指导等。
（2）考虑安置区老年人口多的情况，配套针对老年人的设施，如老年公寓、托老所、老年人活动中心、殡葬服务站。兼顾本地居民和外来人员在文化娱乐设施方面的不同需求，如针对外来人口，可设置网吧、话吧等。</td></tr>
<tr><td></td><td>表格：

安置区部分公共服务设施空间布局建议

功能类型	设施构成	空间布局建议
商业服务	商业、办公、银行支行、房屋代理、旅店、餐饮等	主要布置在街坊路、街坊支路交叉口处，形成街头的商业角
教育设施	小学	点状布置
	幼儿园	点状布置
医疗护理设施	诊所、老年日托中心	点状布置
体育设施	健身场	点状布置

</td></tr>
</table>

续表

第五部分	公建配套	
		图示： 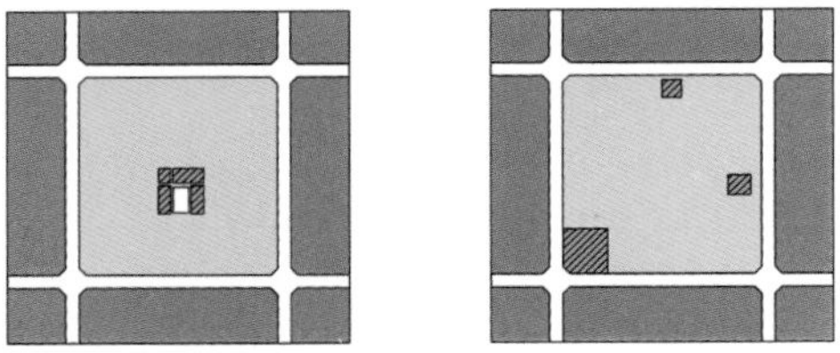 在小区中心集中布置　散点布置 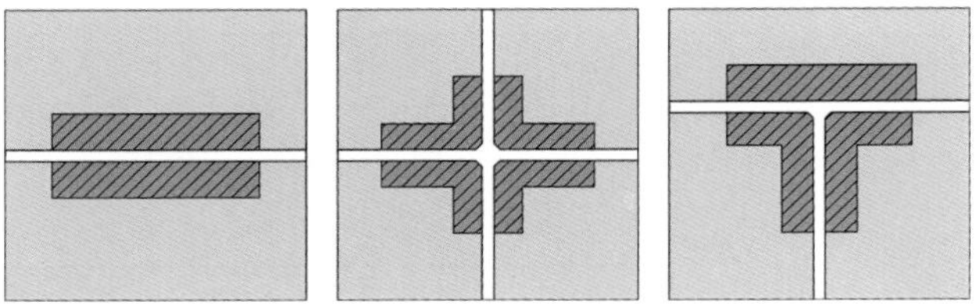 沿道路布置　沿道路交叉口布置　沿道路交会处布置

附件 2 农民集中安置区公共服务设施配置规划指引

1. 总则

1.1 目的和依据：为了提高农民安置区公共服务设施的建设水平，适应安置居民日益提高的物质和精神文化需求，改善安置区居住和生活环境。科学合理地配置安置区公共服务设施，有效使用城市土地资源。同时，为了进一步提高安置区规划编制和管理的标准化、规范化水平，结合调研的实际情况并考虑城市发展需要，制定本指引。

1.2 适用范围：本标准适用于农民安置区公共服务设施，特别是新建安置区公共服务设施的规划、设计和建设。对于特殊选址的安置区，可进行必要的调整，以确保配套公共服务设施规划的切实可行，达到应有的标准和服务水平。

1.3 配置原则：安置区公共服务设施的配置与相关规划，应遵循系统、兼容、创新、继承以及适度超前或相对稳定的原则。

1.4 相关法规：安置区公共服务设施的配置应当严格执行本标准，并符合国家、省和市现行有关法律、法规及标准的规定。

2. 安置区公共服务设施的项目分类与管理要求

2.1 分级：安置区公共服务设施配套按照混合社区、安置区两级配置。其中：混合社区级1～2万人，安置区级2000～4000人；配置标准表内一般规模分别按1万人、0.2万人计算。

2.2 分类：将本指引公共服务设施分为七大类：①教育；②医疗卫生；③文化体育；④社区服务；⑤行政管理；⑥商业金融；⑦市政公用。另加公建预留一项，七大类共计20设施。

2.3 管理要求：按照公共服务设施产权属性和使用特点的不同，可将其分为公益性公共服务设施、经营性公共服务设施以及政府公共服务性设施三类。为确保安置居民的社会公平和服务质量，公益性公共服务设施和政府公共服务性设施的配置应依据本标准，实施严格的刚性管理；经营性公共服务设施的配置可保持一定弹性和灵活度，以适应市场化、城市化发展的需要，特别是安置区居民不断增长的消费需求，以及城市道路交通的发展和周边用地布局要求的影响。

2.4 术语：公共服务设施：一般指城市中为经济社会发展服务的行政、商业、文化、教育、医疗卫生、体育、社会福利等机构或设施，以及部分与居民日常生活关系密切的市政、交通、停车设施等。

公益性公共服务设施：一般指公共服务设施中非营利的行政管理、教育科研、医疗卫生、文化体育、社会福利、市政公用等设施。

政府公共服务性公共服务设施：指为居

住区以及周边居民提供政府公共服务，具有政府公共产品属性，由政府或相关部门运作管理的公共服务设施，内容包括：教育设施、医疗卫生设施、居委会等行政管理服务设施、社会福利设施等。

经营性公共服务设施：一般指公共服务设施中以营利为主的商业、金融（银行）等设施。

控制性指标：指安置区在规划、设计和建设时，必须执行的指标，执行时不应低于其标准。

3. 安置区公共服务设施配置标准

3.1　公共服务设施配建标准：安置区公共服务设施建筑一般规模为2910m²，安置区公共服务设施用地一般规模为3540m²。建筑面积控制性指标为680m²/千人，用地面积控制性指标为1204m²/千人；建筑面积指导性指标为775m²/千人，用地面积指导性指标为563m²/千人。具体控制指标见表1。

农民安置区公共服务设施配置标准

表 1

分类	序号	项目	内容	一般规模（m²/处）		配置标准（m²/千人）		备注
				建筑面积	用地面积	建筑面积	用地面积	
医疗卫生	1	社区卫生服务站	预防、医疗、计划生育等	80	60	40	30	安置区可配置一处，布局上可与社区服务中心结合
	小计			80	60	40	30	
文化体育	2	社区文化活动站	文化康乐、图书阅览	150	180	75	90	可与其他建筑结合配置，应有独立出入口
	3	体育健身室	居民健身设施和器材的摆放	50	50	25	25	可与居民活动场或社区文化活动站结合设置
	4	居民活动场地	户外健身场地、集会、表演	—	400	—	200	可与小区绿地结合设置
	5	☆喜事厅（礼堂）	举行红白喜事、社区集会活动等	400	200	200	100	尽可能布置在小区中央，避免对周围居民影响
	6	小区绿地		—	800	—	400	人均≥0.4m²，绿化面积（含水面）不低于70%
	小计			600	1630	300	815	

续表

分类	序号	项目	内容	一般规模（m^2/处）		配置标准（m^2/千人）		备注
				建筑面积	用地面积	建筑面积	用地面积	
社区服务	7	社区服务中心	行政和社区公共服务。含信息服务、家政和老人服务、宣传教育	100	60	50	30	
	8	老年人服务站	活动室、居家养老服务、保健室、法律援助、老年教室、专业服务。	120	150	60	75	可结合社区服务用房或托老所配置，并设置相应的室外活动场地
	9	☆再就业教室	劳动技能培训、再就业培训等	80	80	40	40	可与社区服务结合设置，可利用教育设施设置
	10	老年人活动场地	适合老年人的活动场地及配套设施	—	100	—	50	每个安置区宜布置1处；室外活动场地宜与绿地合并设置
	小计			300	390	150	195	
行政管理	11	社区居委会	管理、协调等	100	120	50	60	每个安置区应配置1处，可与社区服务中心合并布置
	12	社区警务室	值班、巡逻等	20	8	10	4	每个安置区至少应配置1处；人口规模较大时，可设置多处。与社区服务中心合并配置时，应有独立的房间
	13	物业管理及办公用房	建筑与设备维修、保安、绿化、环卫管理	120	60	60	30	应有独立用房，最低不少于120m^2；办公用房应设在地上
	小计			240	188	120	94	

续表

分类	序号	项目	内容	一般规模（m^2/处）		配置标准（m^2/千人）		备注
				建筑面积	用地面积	建筑面积	用地面积	
商业金融	14	小型商业服务（☆）	日用品、基层菜店、药店、副食品店等	400	200	200	100	可综合设置多处设置与小区主要出入口附近
	15	※自主创业坊（☆）	安置居民自主创业企业、店铺等	500	400	250	200	布置应减少与居住建筑的干扰
	16	※出租商业（☆）	可开设便利店、理发店、洗浴等商业服务业等，安置居民获取房租	600	500	300	250	宜布置在安置区临街布置，考虑对周围城市其他社区服务作用
	小计			1500	1100	750	550	
市政公用	17	公共厕所	厕所、洗手间及必要的管理用房	40	40	20	20	宜独立并结合公共绿地配置，有条件时应与公共建筑合并设置。临街设置时，并应有单独的出入口和管理室
	18	垃圾收集点		—	6	—	—	每100户宜设置1处，用于放置垃圾分类收集设施
	19	再生资源回收站（☆）		50	26	25	13	宜与垃圾收集站或基层环卫机构等组合配置
	小计			90	72	45	33	
20		※公建预留用房		100	100	50	50	
总计				2910	3540	1455	1767	

注：1. 设置项目前带“※”号的为基于本次课题研究成果，建议农民安置区中公共服务设施增加的项目。
2. 设置项目后带“☆”号的公共服务设施项目，其内容和标准具有一定弹性，为指导性指标，可根据市场需求确定但不得超过其上限；其余公共服务设施项目，其内容和标准为控制性指标，其规模不应低于其下限。

3.2 教育设施：安置区由于人口规模限制，建议利用周边城市已有教育设施，如幼儿园、小学等。但有条件或规模较大的农民安置区可选择配建幼儿园和小学，并服务周边城市其他居住小区，具体指标见表2。

农民安置区教育设施配置标准 表2

名称		一般规模		服务规模（万人）	服务半径（m）	配置标准		建筑限高	运动场	备注
		建筑面积（m^2）	用地面积（m^2）			建筑面积（m^2/生）	用地面积（m^2/生）			
幼儿园	6班	1500	1800	<0.8	350	10	12	3层		宜独立设置，应接近绿地，有独立院落和出口。建筑限高3层，设置不小于20m的直跑道。幼儿园宜设6班、9班、12班或18班。每班30座。幼儿园应按其服务范围均衡分布，服务半径宜为100～300m
	9班	2025	2250	0.8～1.2		9	10			
	12班	2400	2700	1.2～1.6		8	9			
	18班	3150	3600	1.6～2.4		7	8			
	室外活动场地		≥60				1.5		≥20m直道	幼（托）儿园应有全园共享的游戏场地，室外游戏场地面积按1.5m^2/生。绿地面积按2m^2/生。场地应日照充足并采取分隔措施，场地面积不应小于60m^2
小学	18班	6100	14580	≤1.2	500	7.5	17	4层普通教室层高≥3.6m	200m环	人口不足1.2万人的独立地区宜设18班小学。小学运动场应含不小于100m的直跑道。室外活动场地满足8m^2/生
	24班	7560	17280	1.2～1.6		7	16		250m环	
	30班	8775	18900	1.6～2.0		6.5	14		250m环	

3.3 停车场库：农民安置区公共服务设施配套停车宜按照公共建筑总建筑面积0.3～0.5个车位/100m^2配置，以满足公共停车需求。根据需要，安置区公共服务设施还应考虑装卸、递送、救护等停车要求，配置专用车位。为节省用地，方便交通，机动车停车场可以结合社区中心集中配置，有条件时可利用地下空间。

安置区居民住宅小汽车停车位、非机动车停车位应按照表3的标准配置。自行车的停车场（库）应根据实际需要，结合公共服务设施、居民楼等配置。

农民安置区停车配置标准 表3

分类	每户建筑面积（m^2/户）	小汽车（车位/户）	非机动车（车位/户）
第一类	≥90	1.0～1.5	1.0～1.5
第二类	<90	0.8～1.0	1.5～2.0

注：1. 小汽车每个停车位面积30～35㎡（地上30㎡，地下35㎡），如采用垂直机械停车可按实际布置计算停车面积，本标准未计算此类停车方式的面积指标。地面停车率原则上不超过住宅总户数的15%。自行车每个车位停车面积1.5㎡，地面停车率原则上不超过住宅总户数的50%。

2. 在小区内部出入口附近应设置地面机动车停车位供外来人员临时使用，原则上应设置不低于配建机动车停车位总规模的2%（含在配建总规模内）。

4. 安置区公共服务设施的布局与配置要求

4.1 安置区公共服务设施可采用集中与分散相结合的布置方式，合理布局，统一规划，符合安置居民生活习惯。使用性质相近或可兼容的公共服务设施，在满足使用功能和互不干扰的前提下，鼓励各设施在水平和垂直层面的综合配置，节约用地。

4.2 为了可以形成安置居民公共活动区地域空间感，发挥其规模集聚和社区融合的需要，安置区商业与文化设施宜集中配置。社区中心则应配置在区位适中、交通便捷、人流相对集中的地方，可布置在小区中心或主要出入口。

4.3 考虑到安置区建设和网络化管理的要求，在条件容许的农民安置区可将使用功能相近的设施组成中心。对可以与社会化服务对接的项目宜采用配置服务窗口的形式，集中配置一站式社区服务中心。

4.4 安置区主要对外开放，增强城市互动的公共服务设施，既要考虑服务人口，合理的服务半径，又要兼顾与其他周边小区融合和网络化的管理模式的需求。

4.5 居民活动场可结合安置区绿地配置，但不得占用小区绿地中的绿化面积。若有学校，则鼓励学校文体设施定时开放，以满足全民健身和文化活动的需求。

4.6 对居住有干扰的餐饮、文化娱乐设施和菜市场等应与住宅建筑分开设置。副食品及菜场应设在运输车辆易进出的地块，并与安置区道路相邻，且有一定的装卸场地，当与其他公建结合配置时，应有独立的出入口。

4.7 在安置区规划中，地面停车场应避免大片的硬质铺装，宜采用植草皮砖等材料，在车位之间可种植一些树木，但停车位与绿化用地面积不能重复计算。

4.8 市政公用设施首先应根据各专业规划的要求配置。其次，要考虑适当超前的原则。配电房、箱式站与住宅的安全距离应符合《城市电力规划规范》GB 50293的规定,并满足消防等强制性规范。基层环卫机构应考虑与住宅分开配置，并与住宅有绿化隔离。

附录 1 调查案例评述及汇编

调查案例的选取：

本次研究在苏州众多安置区案例中筛选出最符合研究目的的26个安置区样本。这些样本均匀地分布于苏州工业园区、吴中区、相城区、高新区。案例样本的建设年代为2003～2010年，在样本中还加入少量已批待建的安置区，以求分析的完整性。

调查案例的总体评述：

从区域的角度比较，吴中区与工业园区的安置区建设总体情况较高新区的情况好。相城区得益于城乡一体化布局规划的编制，区内的安置点选址情况良好。

从时间角度比较，2006年前建设的安置区问题较多，2008年以后建设的安置区情况有所改善。2010年后规划的安置区在布局与建设水平及配置方面都有可喜的改进。

从样本个案情况看，部分样本的某些方面表现较好，值得其他安置区借鉴，但这种良好表现仅反映在单一方面，综合来看则各有优势和不足。

调查案例详细评述表：

	工业园区					
	张泾	青剑湖	夷陵山	滨江苑	浪花苑	吴淞江新村
选址	紧邻唯亭镇中心，周边设施齐全，南部有工业区★	与唯亭镇中心距离适中，周边有小片工业区	处于唯亭镇东端，与镇区距离远	与胜浦镇中心距离适中，紧邻工业区	紧邻胜浦镇中心，周边有大型工业区	紧邻胜浦镇中心，周边有大型工业区
规模	一区、二区用地规模适中。实际人口远大于规划人口	整体规模大，同质化水平高	规划用地偏大，规划人口偏多	用地规模适中，容积率大，规划人口偏大	用地规模较小，但容积率高，规划人口适中	用地规模与规划人口适中★
布局	一区、二区都呈单中心结构	布置社区中心，“社区—小区”结构明显	布局灵活，结构感略强	布局灵活，与城市小区相似★	类似于城市高层小区，布局较简单	布局简单，结构单一
居住建筑	多层住宅呈平行行列式排布，建筑形式单一，套型类型有限	以多层住宅为主的平行行列式排布，缺乏变化	多层和高层两种类型，类型混合，排布多样	高层住宅混合排布，形式多样，与城市小区相似★	由高层住宅组成，与城市小区相似★	多层、高层住宅混合布置
公建配置	一区、二区沿街布置商业及行政，各区中心配置活动室，三区规划配置幼儿园	公共服务设施配建水平较低，依靠周边已建成设施	路口布置商业，规模较大★	公建配置水平较好，符合配建标准	公建配置水平较好，符合配建标准	公建配置水平较好，符合配建标准

续表

	工业园区					
	张泾	青剑湖	夷陵山	滨江苑	浪花苑	吴淞江新村
停车	规划停车场车位不足，路边停车较多	地下停车库为主，配建水平较好	地下停车库与地面停车结合	停车配建水平一般，以地下车库为主	停车配建较好，以地下车库为主★	停车配建较低，以地下车库为主

	吴中区					
	尹东	新思家园	金山浜	馨乐花园	金运花园	蠡墅花园
选址	与最近的郭巷镇距离较远，与工业区距离较远	邻近横泾镇中心，周边有工业区★	位于木渎镇北端，周边设施缺乏	邻近木渎镇中心，周边商业设施齐全★	邻近木渎镇中心，离工业区较近	邻近蠡墅镇中心，距离工业区较远
规模	用地规模偏大，容积率大，规划人口偏大	用地规模与人口规模适中★	每个区用地规模适中，但整体规模大	用地与人口规模都较小	用地规模与人口规模适中	整体用地规模偏大，容积率大，导致规划人口多。但每个分区规模适中
布局	布局简单，结构单一	用地狭长，结构简单	每个区相对独立，联系性不强	布局简单，没有中心的结构	布局简单，结构强调小区中心	布局灵活，类似城市小区★
居住建筑	多层和高层两种类型，住宅排布灵活，与城市小区相似	多层和高层两种类型，住宅呈行列式排布，与城市小区相似。套型类型选择较丰富	多层住宅呈行列式排布，形式多样	联排别墅与多层住宅两种类型，呈平行行列式排布。套型类型选择少	多层与高层住宅混合布置	多层与高层住宅混合布置，形式多样，排布灵活。套型类型选择丰富★
公建配置	公建配建水平一般，基本满足标准	公建配置规模较小	沿街布置规模较大商业用房，小区出入口布置★	配建有幼儿园、物业管理用房	一、二期中心布置公建，规模较高	各区中心布置有会所，物业等，出入口布置商业，配有幼儿园
停车	停车配建水平较好，以地下停车库为主★	停车配建水平较好	地面停车为主，停车配建水平较高★	以路边、底层车库为主要方式，停车位不足	停车水平较好，停车方式以地下车库为主	以地下停车库为主，停车水平较低

续表

	相城区				
	圣堂	沈周	阳澄花园	玉盘家园	安元佳苑
选址	靠近阳澄湖镇中心与度假区，周边无工业区	紧邻阳澄湖镇中心，与度假区距离近	紧邻阳澄湖镇中心，与度假区距离近	紧邻渭塘镇中心，周边基础设施齐全，附近有工业区★	邻近蠡口镇中心，附近有大型专业家具市场★
规模	用地与人口规模都偏大	用地规模大，容积率高，规划人口多	用地规模适中，人口规模偏小	每个区规模适中，整体规模偏大	用地与人口规模较小
布局	布局简单，因河道阻隔，两区相互联系不强	一期布局简单，二期布局较灵活	布局略显凌乱，无明显结构	布局简单，个别区缺少小区中心结构	布局简单
居住建筑	高层住宅组成，形式多样，排布灵活★	多层和高层两种类型，高层住宅形式多样，排布灵活★	多层住宅呈平行行列式排布，形式单一，缺乏变化	多层住宅呈平行行列式排布，形式单一	高层住宅呈行列式排布
公建配置	配置有两处物业用房与一处居委会楼	一期与二期中央将布置公建用房，规模较好	沿街住宅布置底层商业，小区中央布置2层活动室	社区中心集中布置3层建筑，公益性设施齐全，有集中农贸市场，沿街商业店铺	公共服务设施沿街布置，规模较高★
停车	停车配建水平较高，地下停车场为主	停车以地面停车为主，停车配建水平较好	停车位以路边停车为主，可满足需求	机动车停车位不足，以路边停车为主	机动车停车配建水平较好

	高新区								
	马浜花园	华通花园	阳山花园	马涧小区	金色家园	新浒花园	新民苑	龙景花园	新主城
选址	靠近高新区中心，周边商业设施齐全，北部邻近专业汽车市场★	与通安镇距离较远，附近基础设施缺乏	与通安镇距离较远，附近基础设施缺乏	靠近工业区，但与枫桥镇区联系不强	离高新区中心与枫桥镇中心都较远，附近有工业区	靠近浒墅关镇中心，紧邻工业区	靠近工业区，但与枫桥镇区联系不强	紧邻东渚镇中心，邻近工业区★	紧邻新区中心，附近有工业区★

续表

	高新区								
	马浜花园	华通花园	阳山花园	马涧小区	金色家园	新浒花园	新民苑	龙景花园	新主城
规模	用地规模大，租客数量大于本地居民	用地规模与人口规模极大，外来人口极多	用地规模与人口规模极大，外来人口极多	用地与人口规模大	用地规模偏大，容积率较小，规模人口适中	用地与人口规模大	用地与人口规模适中	各区用地规模适中，整体用地规模及人口大	用地与人口规模适中★
布局	单中心结构	简单的“社区—小区”结构	仅设置社区中心，小区层面布局单一，缺乏变化	各区布局不统一，相互联系不足	布局简单，单中心结构	布局简单，结构单一	单中心结构	缺少社区结构中心，各区呈单中心结构	布局灵活，小区景观丰富★
居住建筑	多层住宅呈平行行列式排布，形式单一。套型类型选择少	多层住宅呈平行行列式排布，形式缺乏变化。套型类型选择少，组合单一	多层住宅呈平行行列式排布，形式单一，缺乏变化	多层住宅呈平行行列式排布，形式单一	多层住宅呈平行行列式排布，建筑形式稍具变化	多层住宅呈平行行列式排布，形式单一	多层住宅呈平行行列式排布，形式单一	多层住宅呈平行行列式排布，形式单一	高层住宅组成，形式多样，排布灵活，富有时代气息★
公建配置	有集中社区中心（含医务室），临近商业街，配有幼儿园	规模较好，各区有社区服务中心	公建配套标准较低，布置于小区中心	配建有小学幼儿园，教育设施齐全，基层商业不足	配建规模较好，中心配建有小学、幼儿园等	公共服务设施集中于中心布置，配建有小学	公共服务设施配置水平较高，集中于小区中心布置★	各区有社区服务中心，教育设施较好，靠近镇农贸市场。基层商业不足	规模较好，有社区中心及物业用房，并配建有幼儿园
停车	规划停车位不足，以路边停车为主	规划停车位不能满足规划要求，路边停车为主	机动车停车配建水平不足，路边停车为主	规划停车位不足，以路边停车为主	停车配建水平较高	规划机动车位配建不足	机动车停车位配置较高	规划机动车位不足，占用绿地、路边停车	地下车库为主，机动车位配建水平较好★

★该安置区的此处设置较好，对其他安置区具有借鉴作用。

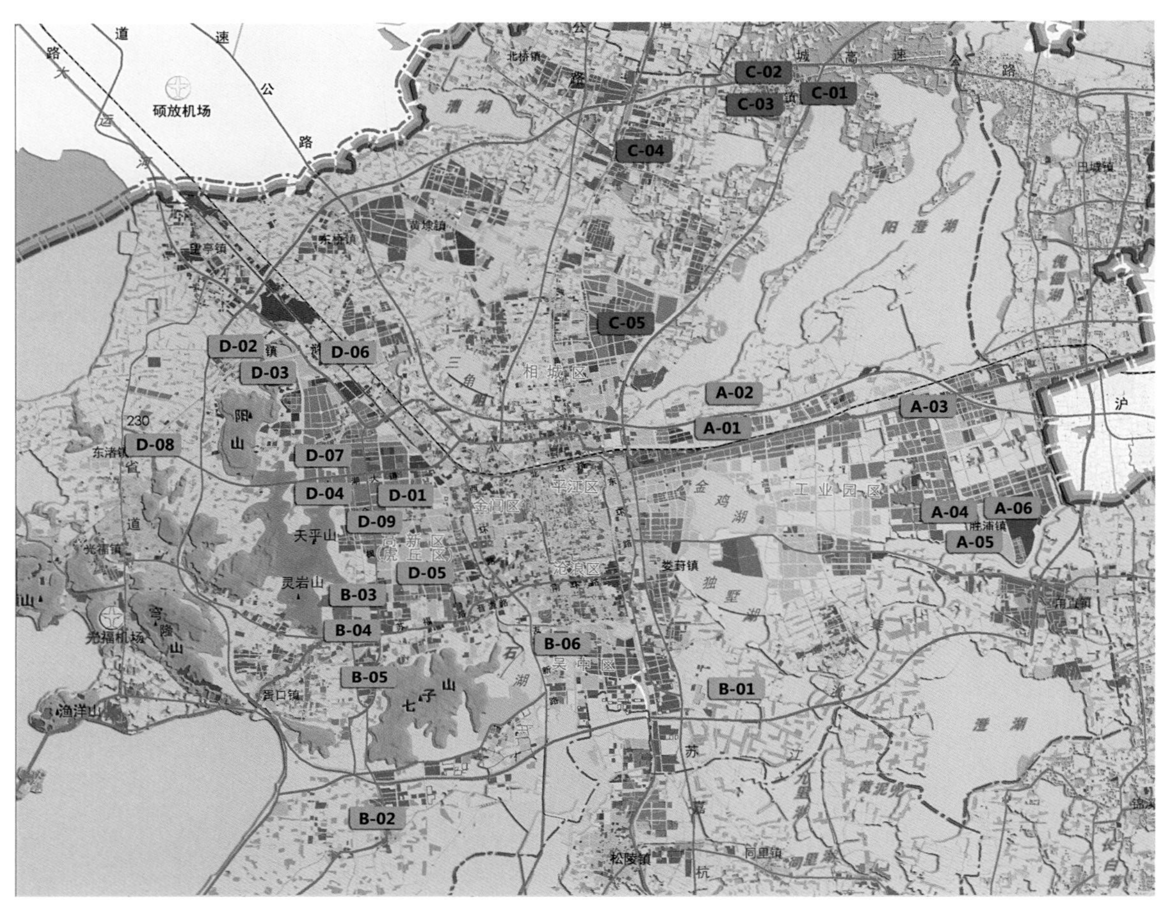

被调查安置小区区位图

被调查安置小区分布情况表

编号	小区	编号	小区	编号	小区	编号	小区	编号	小区
A-01	张泾	B-01	尹东	C-01	圣堂	D-01	马浜花园	D-07	新民苑
A-02	青剑湖	B-02	新思家园	C-02	沈周	D-02	华通花园	D-08	龙景花园
A-03	夷陵山	B-03	金山浜	C-03	阳澄花园	D-03	阳山花园	D-09	新主城
A-04	滨江苑	B-04	馨乐花园	C-04	玉盘家园	D-04	马涧小区		
A-05	浪花苑	B-05	金运花园	C-05	安元佳苑	D-05	金色家园		
A-06	吴淞江新村	B-06	蠡墅花园			D-06	新浒花园		

A-01 小区一期平面图

A-01 小区经济指标

小区编号	A-01
所在区域	园区
所在镇	跨塘镇
建设年代	2003年
用地规模	$28.73hm^2$
总户数	3605户
空间类型	多、高
容积率	—
建筑密度	—
绿化率	—
停车位	—
公建面积	—

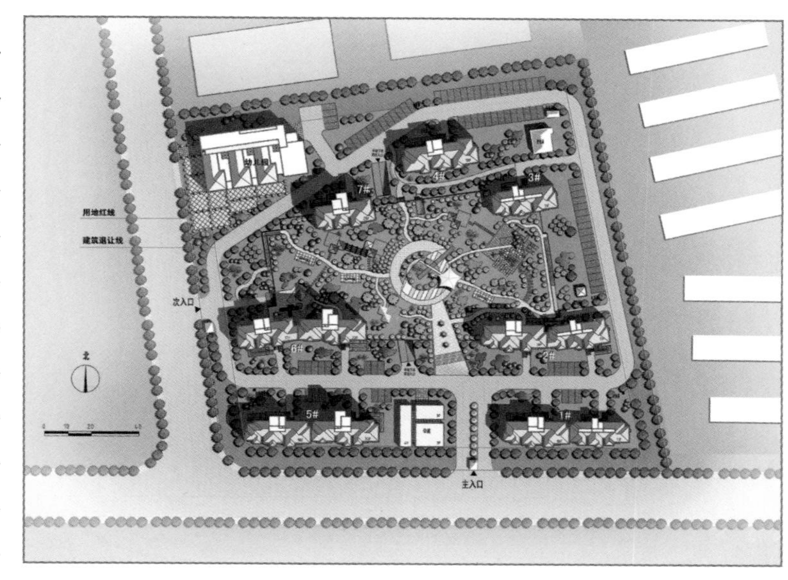

A-01 小区二期平面图

A–02 小区平面图

A–02 小区经济指标

小区编号	A–02
所在区域	园区
所在镇	跨塘镇
建设年代	2008年
用地规模	$70hm^2$
总户数	—
空间类型	—
容积率	—
建筑密度	—
绿化率	—
停车位	—
公建面积	—

A–02 小区效果图

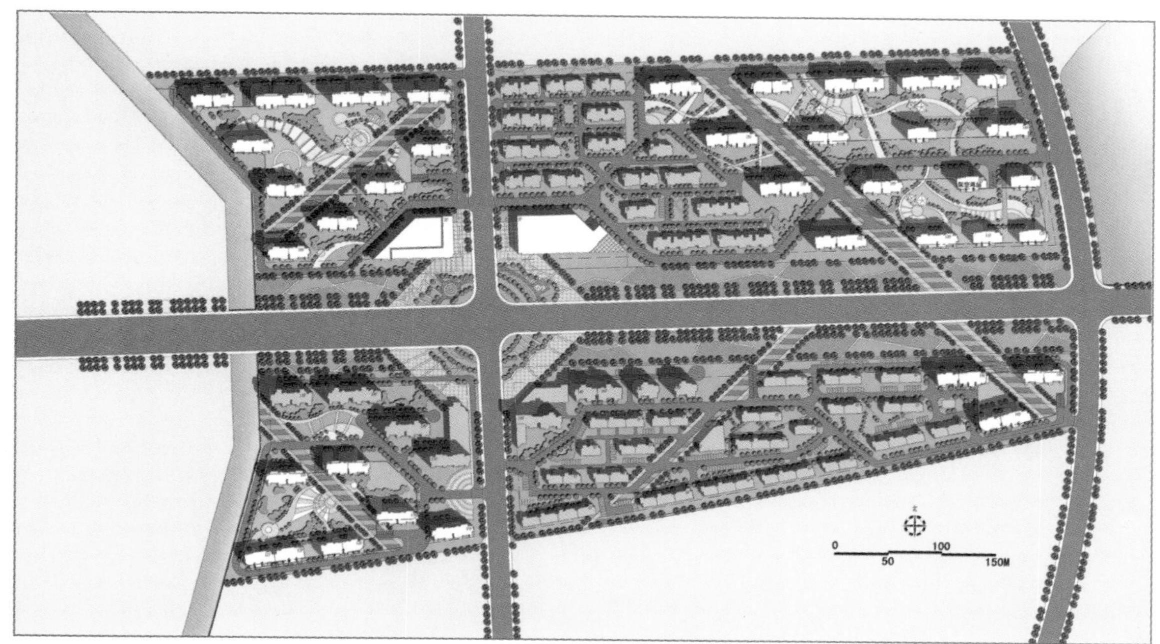

A-03 小区平面图

A-03 小区经济指标

小区编号	A-03
所在区域	园区
所在镇	唯亭镇
建设年代	2008年
用地规模	70hm^2
总户数	—
空间类型	—
容积率	1.62
建筑密度	—
绿化率	—
停车位	—
公建面积	—

A-03 小区效果图

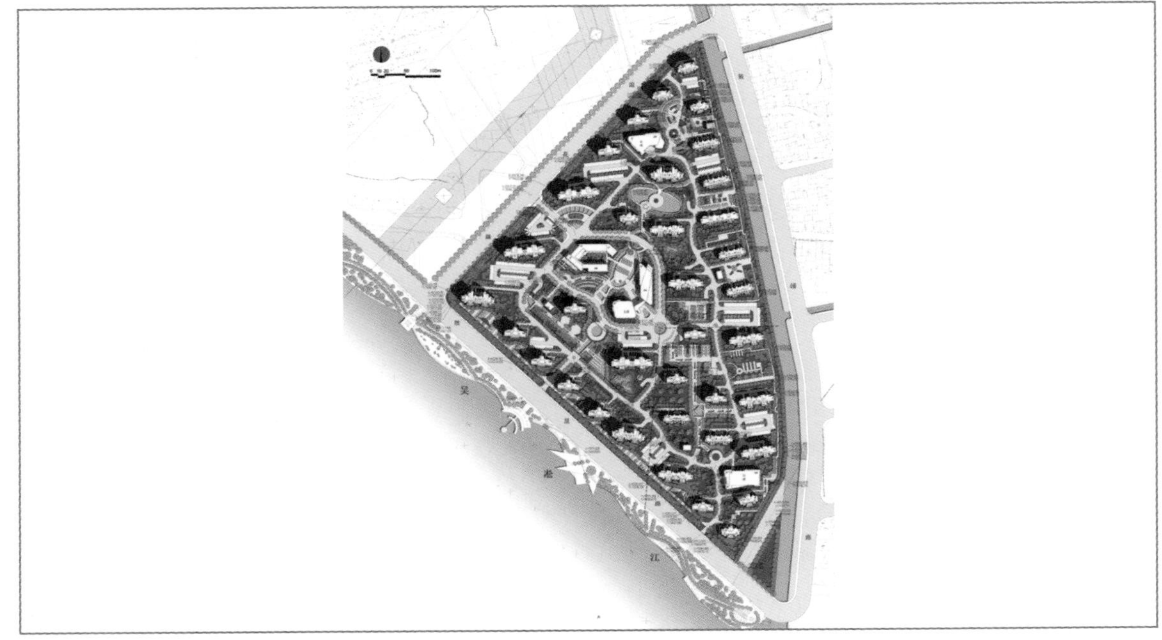

A-04 小区平面图

A-04 小区经济指标

小区编号	A-04
所在区域	园区
所在镇	胜浦镇
建设年代	2008年
用地规模	19.38hm^2
总户数	3180户
空间类型	高
容积率	1.8
建筑密度	10.68%
绿化率	53.3%
停车位	1434
公建面积	14983.84m^2

A-04 小区效果图

A-05 小区东区平面图及效果图

A-05 小区经济指标

小区编号	A-05
所在区域	园区
所在镇	胜浦镇
建设年代	2008年
用地规模	5.23hm^2
总户数	1182户
空间类型	高
容积率	2.34
建筑密度	16.9%
绿化率	57%
停车位	725
公建面积	6012m^2

A-05 小区西区平面图及效果图

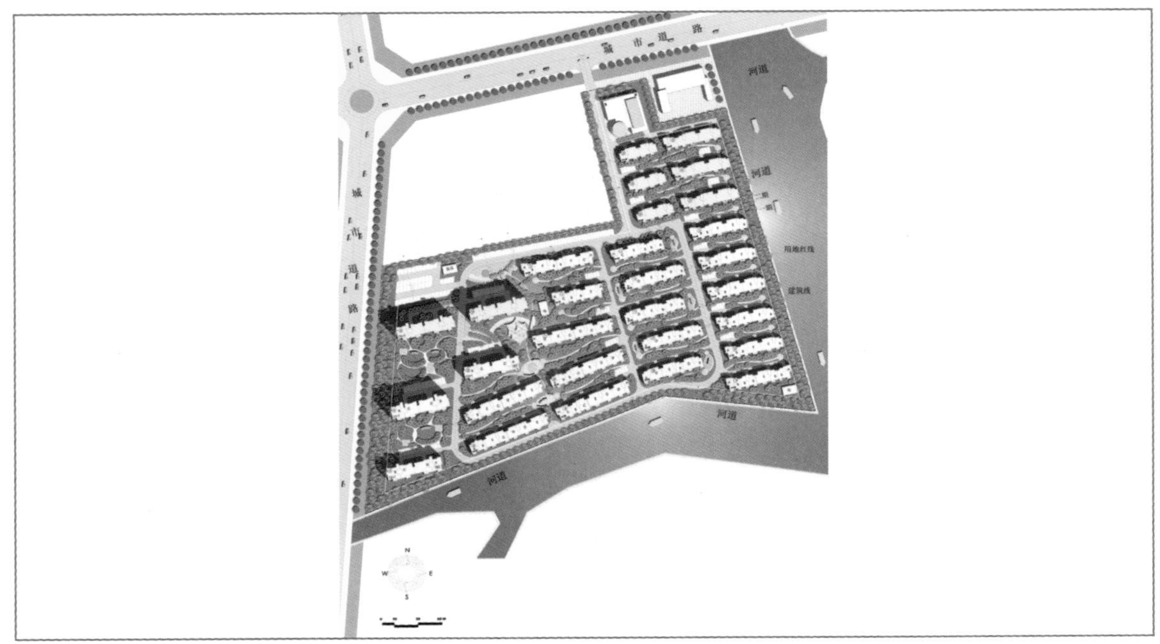

A-06 小区平面图

A-06 小区经济指标

小区编号	A-06
所在区域	园区
所在镇	胜浦镇
建设年代	2007年
用地规模	7.2hm^2
总户数	860户
空间类型	多、高
容积率	1.32
建筑密度	20.6%
绿化率	44%
停车位	202
公建面积	3500m^2

A-06 小区效果图

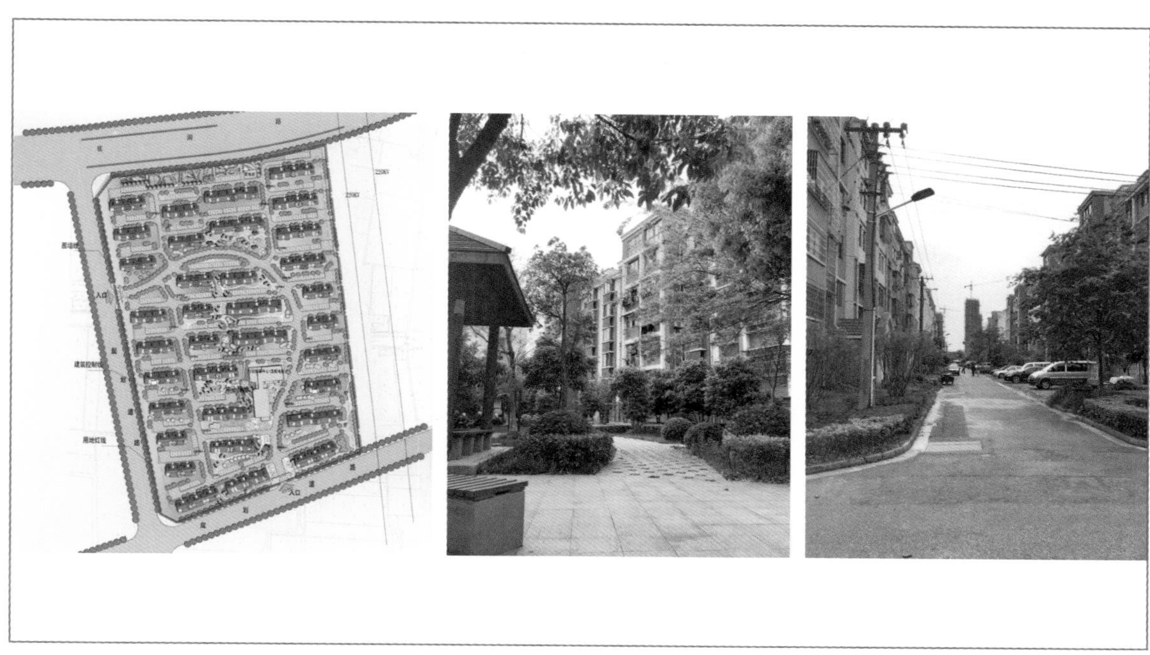

B-01 小区一期平面图及实景图

B-01 小区经济指标

小区编号	B-01
所在区域	吴中区
所在镇	郭巷镇
建设年代	2009～2010年
用地规模	25.15hm^2
总户数	3680户
空间类型	多、高
容积率	1.77
建筑密度	18%
绿化率	—
停车位	—
公建面积	9965.9m^2

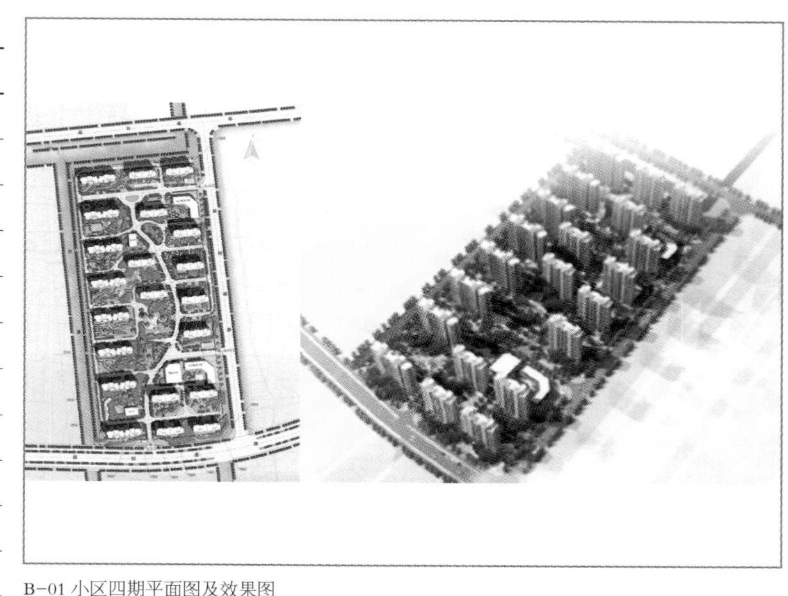

B-01 小区四期平面图及效果图

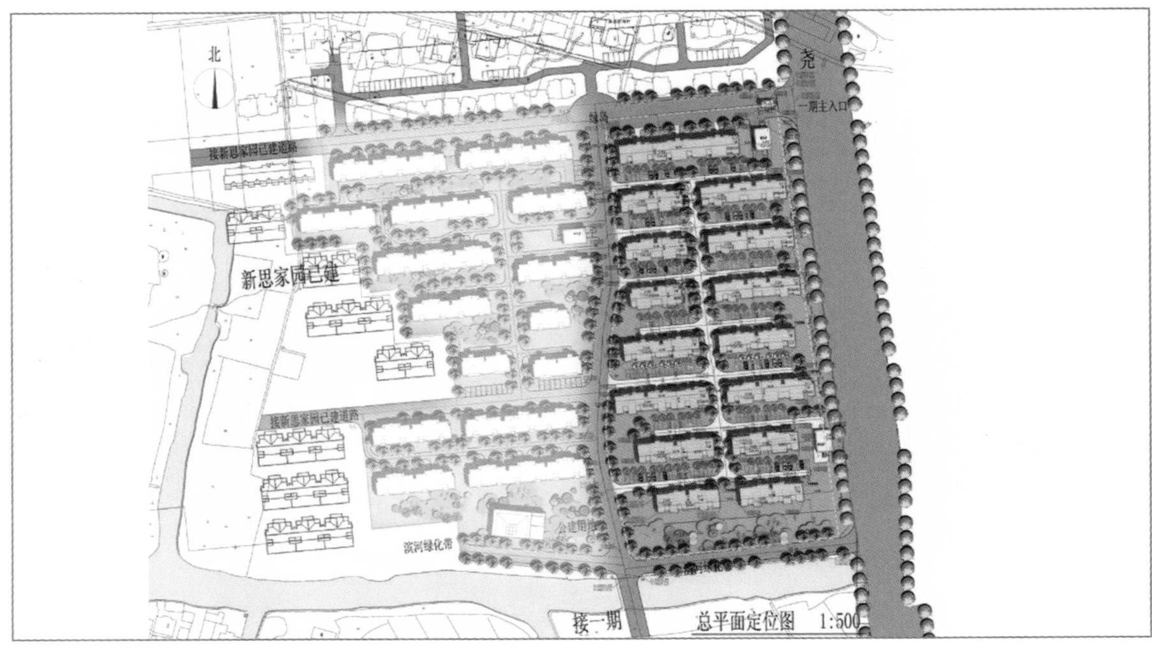

B–02 小区平面图 1

B–02 小区经济指标

小区编号	B–02
所在区域	吴中区
所在镇	横泾镇
建设年代	2007年
用地规模	8.29hm^2
总户数	1280户
空间类型	多、高
容积率	1.77
建筑密度	19.1%
绿化率	—
停车位	—
公建面积	643.26m^2

B–02 小区平面图 2

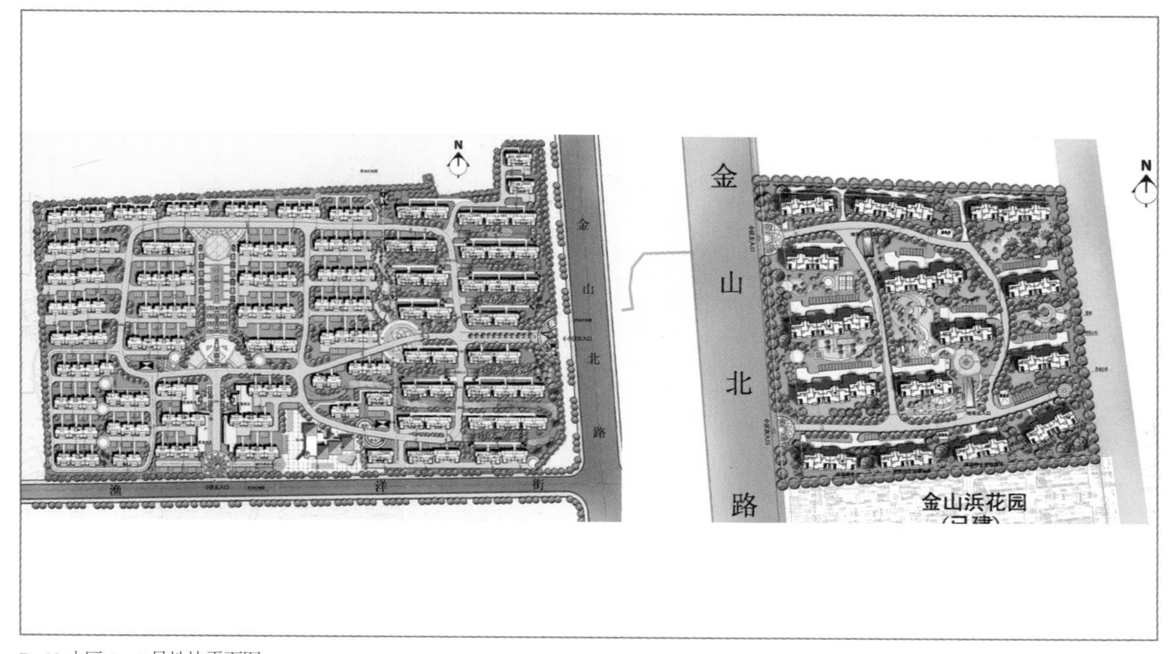

B-03 小区 1、2 号地块平面图

B-03 小区经济指标

小区编号	B-03
所在区域	吴中区
所在镇	木渎镇
建设年代	2008年
用地规模	36.93hm^2
总户数	4430户
空间类型	多、高
容积率	1.7
建筑密度	23.5%
绿化率	—
停车位	—
公建面积	52826m^2

B-03 小区 3、4 号地块平面图

B-04 小区平面图

B-04 小区经济指标

小区编号	B-04
所在区域	吴中区
所在镇	木渎镇
建设年代	2006年
用地规模	12.53hm^2
总户数	840户
空间类型	多、联排
容积率	1.3
建筑密度	27.6%
绿化率	—
停车位	—
公建面积	7844.2m^2

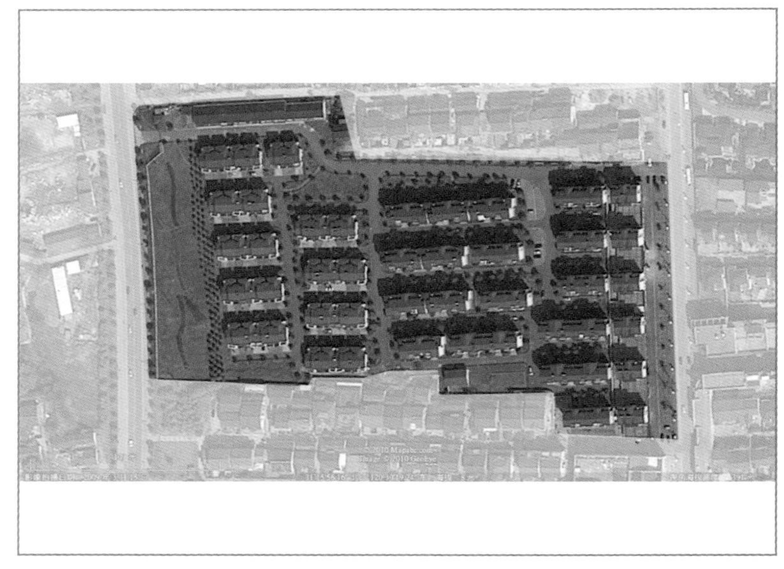

B-04 小区平面图

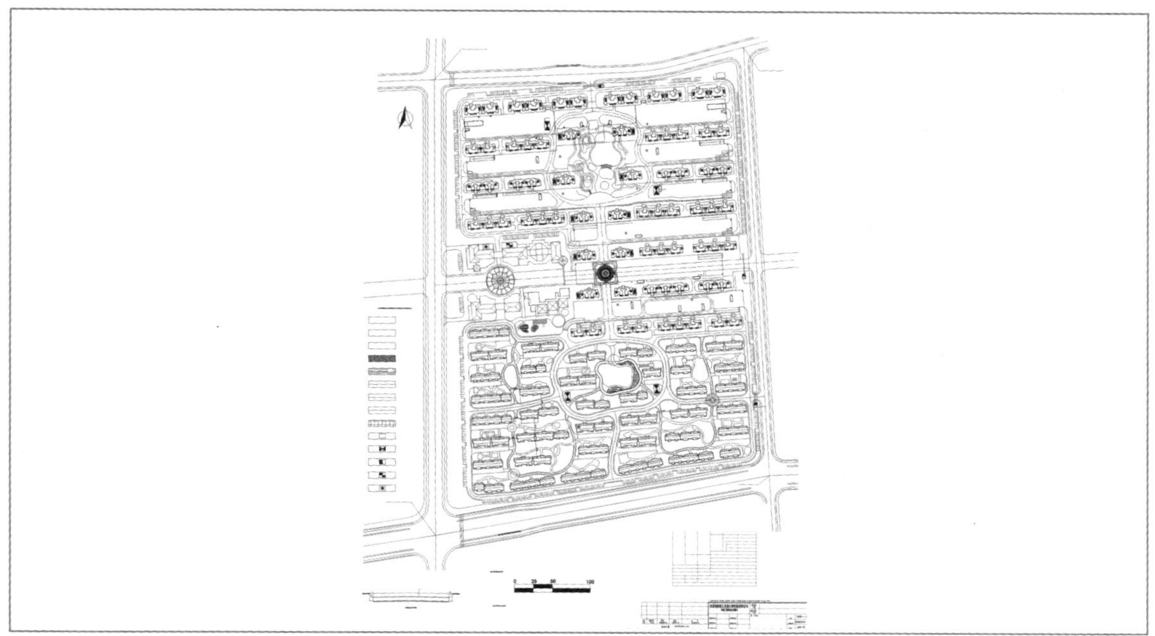

B-05 小区平面图

B-05 小区经济指标

小区编号	B-05
所在区域	吴中区
所在镇	木渎镇
建设年代	2010年
用地规模	21.35hm^2
总户数	2812户
空间类型	多、高
容积率	1.3
建筑密度	18.1%
绿化率	—
停车位	—
公建面积	19488.6㎡

B-05 小区实景图

B–06 小区平面图

B–06 小区经济指标

小区编号	B–06
所在区域	吴中区
所在镇	蠡墅镇
建设年代	2009～2010年
用地规模	32.7hm^2
总户数	5498户
空间类型	多、高
容积率	2.1
建筑密度	26.5%
绿化率	—
停车位	—
公建面积	108000m^2

B–06 小区实景图

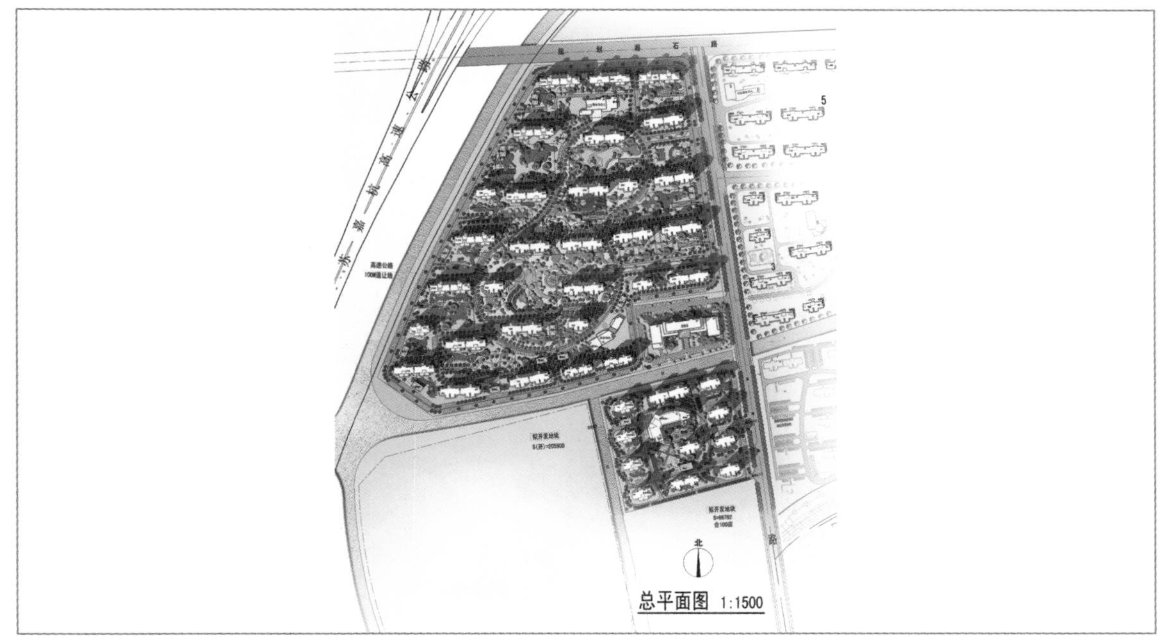

C–01 小区平面图

C–01 小区经济指标

小区编号	C–01
所在区域	相城区
所在镇	湘城镇
建设年代	未建
用地规模	27.53hm^2
总户数	5510户
空间类型	高
容积率	2.3
建筑密度	12.7%
绿化率	51.2%
停车位	3282
公建面积	19767m^2

C–01 小区效果图

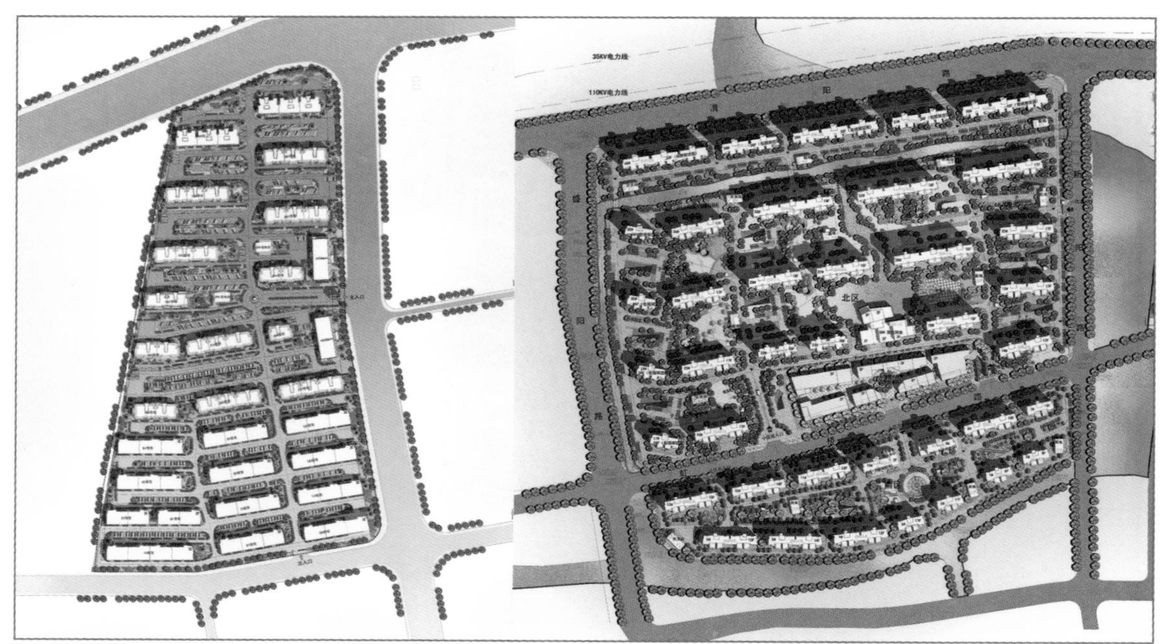

C–02 小区一、二、三期平面图

C–02 小区经济指标

小区编号	C–02
所在区域	相城区
所在镇	湘城镇
建设年代	2009年
用地规模	32.24hm^2
总户数	6840户
空间类型	多，高
容积率	2.7
建筑密度	17.9%
绿化率	—
停车位	3875
公建面积	21458m^2

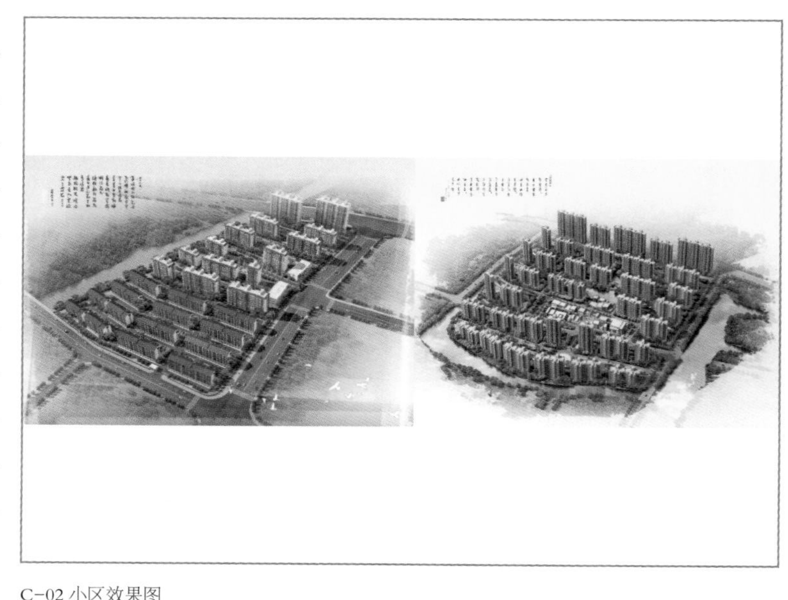

C–02 小区效果图

C–03 小区平面图

C–03 小区经济指标

小区编号	C–03
所在区域	相城区
所在镇	湘城镇
建设年代	2006年
用地规模	$9.14hm^2$
总户数	524
空间类型	多，联排
容积率	1.65
建筑密度	37.1%
绿化率	—
停车位	—
公建面积	—

C–03 小区实景图

C-04 小区平面图

C-04 小区经济指标

小区编号	C-04
所在区域	相城区
所在镇	渭塘镇
建设年代	2006年
用地规模	$24.2hm^2$
总户数	—
空间类型	多
容积率	—
建筑密度	—
绿化率	—
停车位	—
公建面积	—

C-04 小区实景图

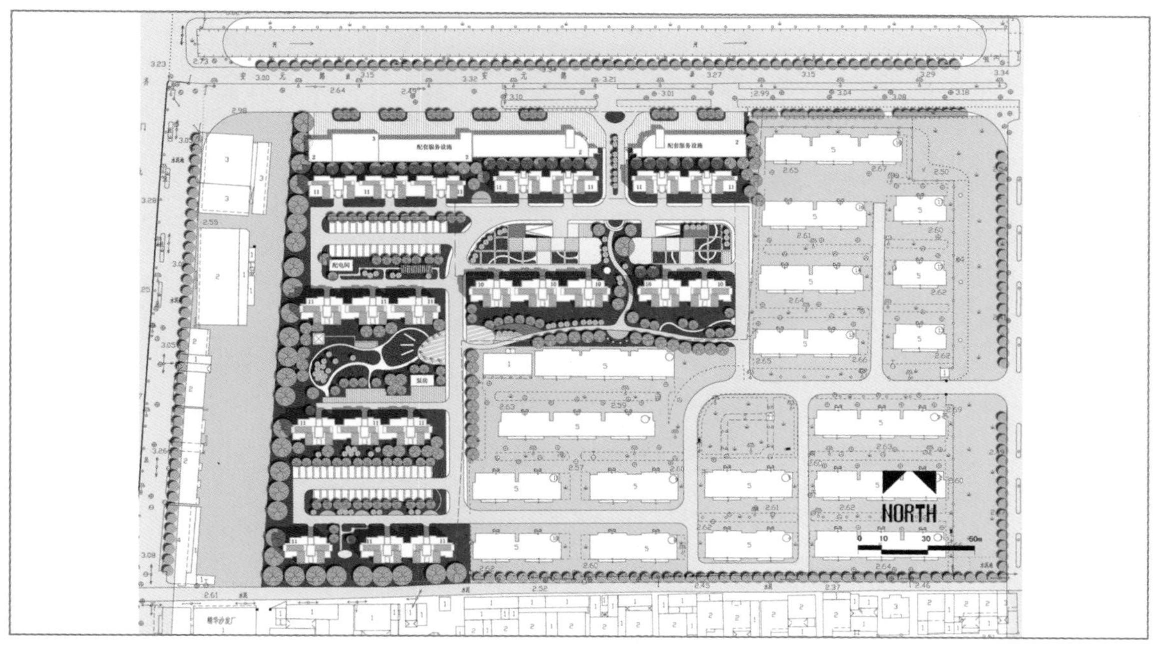

C-05 小区平面图

C-05 小区经济指标

小区编号	C-05
所在区域	相城区
所在镇	蠡口镇
建设年代	2008年
用地规模	2.9hm^2
总户数	452户
空间类型	高
容积率	1.6
建筑密度	20%
绿化率	45%
停车位	226
公建面积	3784.81m^2

C-05 小区效果图

D-01 小区平面图

D-01 小区经济指标

小区编号	D-01
所在区域	高新区
所在镇	枫桥镇
建设年代	2003～2006年
用地规模	43.6hm^2
总户数	—
空间类型	多
容积率	1.58
建筑密度	26.6%
绿化率	—
停车位	—
公建面积	7854m^2

D-01 小区实景图

D-02 小区平面图

D-02 小区经济指标

小区编号	D-02
所在区域	高新区
所在镇	通安镇
建设年代	2005年
用地规模	135.2hm^2
总户数	14482户
空间类型	多
容积率	1.1
建筑密度	14.2%
绿化率	35%
停车位	—
公建面积	163875.36m^2

D-02 小区实景图

D-03 小区平面图

D-03 小区经济指标

小区编号	D-03
所在区域	高新区
所在镇	通安镇
建设年代	2005年
用地规模	98.92hm^2
总户数	12328户
空间类型	多
容积率	1.11
建筑密度	—
绿化率	47.9%
停车位	—
公建面积	17172.8m^2

D-03 小区实景图

D-04 小区一期平面图

D-04 小区经济指标

小区编号	D-04
所在区域	高新区
所在镇	枫桥镇
建设年代	2004年
用地规模	$51.96hm^2$
总户数	5870户
空间类型	多
容积率	1.03
建筑密度	27%
绿化率	—
停车位	—
公建面积	$7633.2m^2$

D-04 小区二期平面图

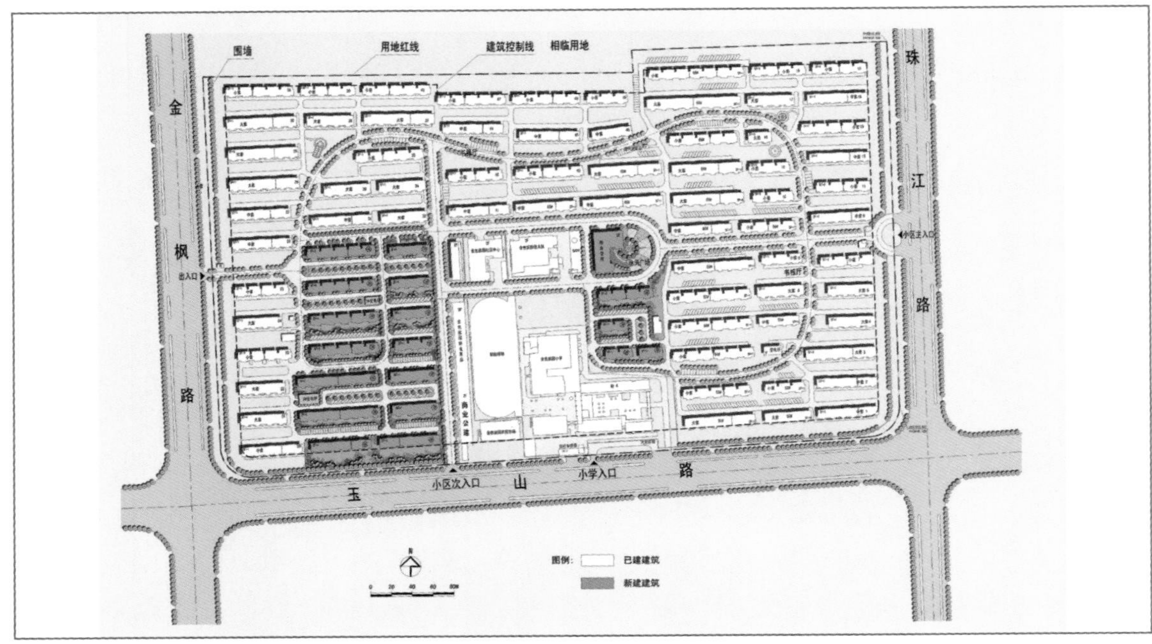

D-05 小区平面图

D-05 小区经济指标

小区编号	D-05
所在区域	高新区
所在镇	枫桥镇
建设年代	2010年
用地规模	25.2hm^2
总户数	2866户
空间类型	多
容积率	1.11
建筑密度	23%
绿化率	38.1%
停车位	—
公建面积	22483m^2

D-05 小区效果图

D-06 小区平面图

D-06 小区经济指标

小区编号	D-06
所在区域	高新区
所在镇	浒墅关镇
建设年代	2006年
用地规模	57.3hm^2
总户数	6310户
空间类型	多
容积率	1.37
建筑密度	—
绿化率	—
停车位	1465
公建面积	3370m^2

D-06 小区实景图

D-07 小区平面图

D-07 小区经济指标

小区编号	D-07
所在区域	高新区
所在镇	浒墅关镇
建设年代	2010年
用地规模	10.58hm^2
总户数	1156户
空间类型	多
容积率	1.12
建筑密度	24%
绿化率	36%
停车位	613
公建面积	8271.53m^2

D-07 小区实景图

D-08 小区平面图

D-08 小区经济指标

小区编号	D-08
所在区域	高新区
所在镇	东渚镇
建设年代	2006年
用地规模	72.39hm^2
总户数	8030户
空间类型	多
容积率	1.02
建筑密度	—
绿化率	38%
停车位	—
公建面积	45700m^2

D-08 小区实景图

D-09 小区平面图

D-09 小区经济指标

小区编号	D-09
所在区域	高新区
所在镇	枫桥镇
建设年代	2010年
用地规模	$8.6hm^2$
总户数	2076户
空间类型	高
容积率	2.138
建筑密度	14.87%
绿化率	31.85%
停车位	1454
公建面积	$8303.67m^2$

D-09 小区效果图

附录 2 调查问卷及数据分析

尊敬的居民：

您好！本问卷是一份学术性问卷，目的是为研究苏州地区的安置区居民生活等各方面的情况，希望您能客观地填写以下内容。本调查完全采用匿名方式进行，我们保证不会对您的生活与工作带来负面影响，调查结果只会用于学术研究，谢谢！

提示：在您所要选的选项上打“√”即可，部分问题选择“其他”，详细信息请填写于问题右侧空格处。

个人背景信息：

<table>
<tr><td>1</td><td>您搬迁前是苏州哪个村的居民</td><td colspan="5"></td></tr>
<tr><td>2</td><td>您的性别</td><td colspan="2">1. 男</td><td colspan="3">2. 女</td></tr>
<tr><td>3</td><td>您的年龄</td><td colspan="5"></td></tr>
<tr><td>4</td><td>您在征地时的年龄</td><td colspan="5"></td></tr>
<tr><td>5</td><td>您的受教育程度</td><td>1. 文盲</td><td>2. 小学及以下（含初小）</td><td>3. 初中</td><td>4. 高中（中专、技校）</td><td>5. 大学及以上</td></tr>
<tr><td>6</td><td>您的家庭几口人</td><td colspan="5">一代___个，二代___个，三代___个，四代___个，共___人</td></tr>
<tr><td>7</td><td>您的家庭年收入</td><td>1. 3万及以下</td><td>2. 3～8万</td><td>3. 8～15万</td><td colspan="2">4. 15万及以上</td></tr>
</table>

安置与补偿信息：

<table>
<tr><td>1</td><td>征地前您的耕地/水田面积</td><td colspan="4">______地（个人）</td></tr>
<tr><td>2</td><td>征地前您的自留地/旱地面积</td><td colspan="4">______地（个人）</td></tr>
<tr><td>3</td><td>您家拿到的青苗补偿费是多少</td><td colspan="4">______元（个人）</td></tr>
<tr><td rowspan="2">4</td><td rowspan="2">您的征地赔偿费的补偿方式及金额</td><td colspan="2">按月赔偿</td><td colspan="2">一次性赔偿</td></tr>
<tr><td colspan="2">______元/月</td><td colspan="2">______元</td></tr>
<tr><td>5</td><td>您对征地补偿的满意度</td><td>1. 很不满意</td><td>2. 不满意</td><td>3. 满意</td><td>4. 很满意</td></tr>
<tr><td>6</td><td>征地前您的宅基地面积</td><td colspan="4">楼房一层占地______平方米，平房占地______平方米，院子______平方米，合计宅基地______平方米</td></tr>
<tr><td>7</td><td>您家的宅基地是否获得补偿</td><td colspan="2">未获得</td><td colspan="2">获得____元</td></tr>
<tr><td>8</td><td>您家老房子拆迁时的赔偿</td><td colspan="4">总计_____万元，买完安置新房后（不包括新房装修），剩余_____万元</td></tr>
</table>

续表

9	征地前您的住宅建筑面积	楼房：____层___ 开间___ 平方米；平房___ 平方米，合计_____平方米					
10	您获得的拆迁安置房总面积	_____ 平方米					
11	征地时您获得的拆迁安置房套数	_____ 套					
12	您获得的第一套房面积	_____ 平方米					
13	您第一套房的用途	1. 自住	2. 给子女住	3. 出售	4. 出租		
14	您获得的第二套房面积	_____平方米					
15	您第二套房的用途	1. 自住	2. 给子女住	3. 出售	4. 出租		
16	您获得的第三套房面积	____ 平方米					
17	您第三套房的用途	1. 自住	2. 给子女住	3. 出售	4. 出租		
18	安置房购买价格	____元/ 平方米（基准价）×____平方米 + 议价×____平方米					
19	您对房屋拆迁补偿的满意度	1. 很不满意	2. 不满意	3. 满意	4. 很满意		
20	您征地前主要从事的工作	1. 与农业生产相关	2. 生产运输设备人员	3. 商业服务业人员	4. 办事及有关人员	5. 无业人员	6. 退休
21	您现在从事的主要工作	1. 与农业生产相关	2. 生产运输设备人员	3. 商业服务业人员	4. 办事及有关人员	5. 无业人员	6. 退休或保养
22	您工作改变与征地拆迁是否有关	1. 是	2. 否				
23	您对征地前后工作变化的满意度	1. 很不满意	2. 不满意	3. 满意	4. 很满意		
24	征地前您的年个人收入	____元					
25	征地前年各来源收入	农耕	养殖	工资	经商	租金	手工活
		__元	__元	__元	__元	__元	__元
26	现在您的月个人收入	____元（租金要除人数，分红要除12月，全加起来才是月收入）					
27	现在各来源收入	失地补偿费	分红（年）	工资	经商	租金含车库	手工活
		__元	__元	__元	__元	__元	__元
28	征地前您月日常支出	____元（家里月总支出/人数）					
29	现在您月日常支出	____元（家里月总支出/人数）					
30	综合收入支出变化，与征地前比对目前经济状况的满意度	1. 很不满意	2. 不满意	3. 满意	4. 很满意		

续表

31	您征地前是否有医保 当时的水平如何	1. 有	2. 没有	一年享受____元门诊报销，____元住院报销（村帮交____ 元/年，自己支付____元/年）	
32	您现在是否参加医保	1. 参加		2. 未参加	
33	您现在享受的医保水平	一年享受____元门诊，____元住院（单位或社区帮交____ 元/年，自己支付____元/年）			
34	您征地前是否参加养老保险	1. 参加		2. 未参加	
35	你征地前养老保险价格	要付费____元/年，已付____年；____岁开始享受，获得____元/月			
36	您现在是否参加城市养老保险	1. 参加		2. 未参加	
37	您现在参加养老保险价格	要付费____元/年，已付____年，还要付____年；____岁开始享受，得到____元/月			
38	与征地前比，对目前医疗保障的满意度	1. 很不满意	2. 不满意	3. 满意	4. 很满意
39	与征地前比，对目前的城保（养老保险）政策的满意度	1. 很不满意	2. 不满意	3. 满意	4. 很满意
40	您是否愿意原有土地被征用拆迁：	1. 愿意	2. 不愿意	3. 无所谓	

安置小区位置与规模：

1	您的代步工具是什么	1. 私家车	2. 公交车	3. 自行车(含电动)	4. 步行
2	您每天上下班需要有多远	1. 2公里以内	2. 4公里以内	3. 4公里以上	4. 无工作
3	您从家出门购买一些日常用品的距离有多远	1. 500米以内	2. 1公里以内	3. 2公里以内	4. 2公里以上
4	您从住的地方去镇区或街道近吗	1. 比较近	2. 一般	3. 比较远	
5	主要租客是工人？学生？商业服务业人员？白领？租房收入影响因素？金融危机是否对房屋出租有影响，当时空租率高吗？租金下降百分之几？				

社区配套设施与交通：

1	您一般会如何打发闲暇时间	1. 打牌，麻将	2. 聊天	3. 看电视	4. 其他____
2	您对小区的活动室等文化娱乐设施满意吗	1. 很不满意	2. 不满意	3. 满意	4. 很满意

续表

3	举行婚丧礼等活动您会在哪宴请宾客	1. 饭店	2. 社区活动室	3. 木缘屋	
4	在节假日，您会选择去哪里购物	1. 市中心商业街	2. 镇上的商店	3. 附近大型超市	4. 社区商店
5	你对社区商业设施的满意度	1. 很不满意	2. 不满意	3. 满意	4. 很满意
6	你一般去哪里看病	1. 市里的医院	2. 镇上的医院	3. 社区卫生所	4. 其他
7	您不选择在社区卫生所看病是因为	1. 价格贵	2. 医生水平不高	3. 医疗设施较差	4. 服务不好
8	您家孩子的学校距离小区多远	1. 1公里以内	2. 1～2公里	3. 2～5公里	4. 5公里以上
9	您是否拥有汽车或有计划购买汽车	1. 有	2. 没有	3. 有计划购买	
10	您希望小区内汽车以哪种方式停放	1. 路边停车位	2. 地下停车位	3. 自家车库	
11	您的车库是否改作他用	1. 自用（堆杂物，开___店，住老人）	2. 出租（住人，开___店）		
12	您希望小区能够增加哪些设施	1. 美容美发院	2. 洗浴中心	3. 健身设施	4. 公厕
		5. 茶馆	6. 老年活动中心	7. 广场等硬地	8. 其他____
13	您对小区目前整体环境的满意度是	1. 很不满意	2. 不满意	3. 满意	4. 很满意
14	您对现有小区公共场所满意吗	1. 很不满意	2. 不满意	3. 满意	4. 很满意
15	您会多久去小区公共场所（广场等）活动一次	1. 每天	2. 三天	3. 一周	4. 一个月
16	您对小区的公共绿化的评价	1. 很不满意	2. 不满意	3. 满意	4. 很满意

建筑设计：

1	您现有住宅的户型类型	___室___厅___卫			
2	您对现有住宅的评价	1. 很不满意	2. 不满意	3. 满意	4. 很满意
3	您所希望的住宅的建筑面积	1. ≤60平方米	2. 60～90平方米	3. 90～120平方米	4. ≥120平方米
4	您对现有住房中最不满意的地方	1. 客厅	2. 卫生间	3. 卧室	4. 厨房
		5. 储藏室	6. 院子	7. 其他____	
5	您不满意的原因				

续表

6	您对现居住小区住宅层高的评价	1. 很不满意	2. 不满意	3. 满意	4. 很满意
7	您对现居住小区住宅的建筑间距的评价	1. 很不满意	2. 不满意	3. 满意	4. 很满意
8	您现在的居住方式	1. 与老伴单独居住	2. 与儿女同住	3. 与老年人同住	
9	你希望和你们家几代人住一起	1. 一代	2. 两代	3. 三代	4. 四代
10	您与社区中其他住户的交流的地点	1. 社区中心绿化	2. 车库旁边	3. 体育活动设施或社区广场	4. 其他____
11	您与社区中其他住户的交流频率	1. 常交流	2. 一般交流	3. 很少交流	4. 不交流
12	您认为影响您与社区其他住户交流的因素	1. 住区规模太大	2. 无相关机构组织	3. 个人不喜欢交际	4. 来自不同的村
13	是否需要小区建设独立的老年人集中公寓	1. 需要	2. 无所谓	3. 不需要	
14	您对居住小区建筑设计方面的建议				
15	您希望您用于出租的住房每套最好多大面积	____平方米			
16	您认为用于您出租的住房是什么户型较好	____室____厅____卫			
17	对出租房您希望在设计上做何处理	1. 按正常住房	2. 分隔成单间	3. 其他________	
18	您认为有必要将出租房与您的自住房分区集中建设吗	1. 非常必要	2. 必要	3. 不必要	4. 不允许房屋出租

城市融入：

1	集中安置后，您的家庭是否比安置前生活富足	1. 富足	2. 一样	3. 不富足	
2	遇到困难时，您会首先选择哪种方式寻求帮助	1. 求助社区中心	2. 找亲戚朋友帮忙	3. 找原来村干部帮忙	4. 求助政府
3	是否接受政府或社区就业介绍，是否顺利上岗	1. 接受并上	2. 接受未上	3. 未接受过	
4	您接受的就业保障有哪些	1. 就业培训	2. 指定企业上岗	3. 指定保洁、保安、绿化工作	4. 法律咨询服务
5	跟您来往密切的人中，多少是原来的城镇居民	1. 没有	2. 5个以内	3. 5～10个	4. 大于10个
6	小区是否和城市商品房小区间有文体活动联系	1. 有	2. 没有		
7	您觉得您是农民还是城镇居民	1. 都不像	2. 农民	3. 不清楚	4. 城镇居民
8	您的户口簿上标志是否是城镇居民	1. 农民	2. 未办理	3. 城镇居民	
9	你对生男生女有什么看法	1. 男孩好	2. 女孩好	3. 男女一样	

续表

10	是否愿意外来妹做儿媳或女儿嫁给外来人	1. 坚决不要	2. 最好不要	3. 可以	4. 非常赞同
11	你搬来后，生活习惯哪些不适应				
12	感觉目前生活与周围商品房小区的居民相比	1. 不如他们过得好	2. 差不多	3. 比他们过得好	
13	综合经济、房屋、治安、生活方式变化等，您对搬迁前后生活变化的满意度	1. 很不满意	2. 不满意	3. 满意	4. 很满意

问卷已经全部填写完毕，再次感谢您的支持与参与！

调查样本特征分析

在调查问卷中，我们选取6项个人背景信息进行调查对象的特征分析，包括：性别、年龄、征地时间、文化程度、家庭人数及家庭年收入。调查发现，性别结构上，被调查男性安置居民占54%，女性居民占46%，男性居民高于女性居民。年龄结构上，30岁以下年龄群段占6%，30～40岁年龄群段占21%，40～60岁年龄群段占54%,60岁以上年龄群段占19%。可以看出，调查对象的年龄群段上以中老年居民居多。

从征地的时间上来看，20%的居民征地时间不到3年，18%的居民征地时间在4～6年，大部分居民的征地时间在7～9年之间，占到58%，只有4%的居民征地时间大于9年。

从居民的受教育程度来看，文盲占17%，小学程度占40%，初中和高中文化程度的分别占33%和7%，大学及大学以上学历

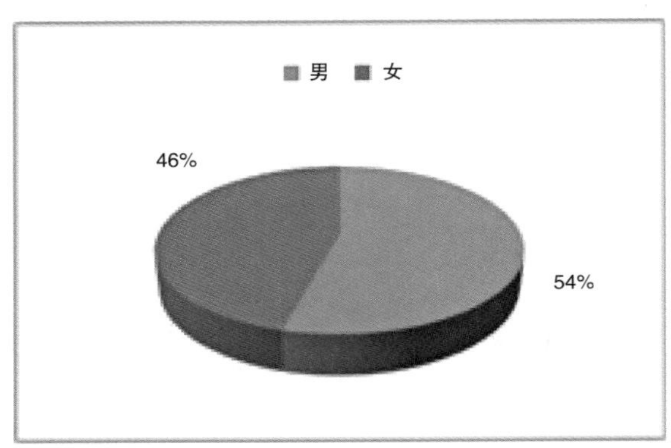

图附录 -1　调查居民性别比例

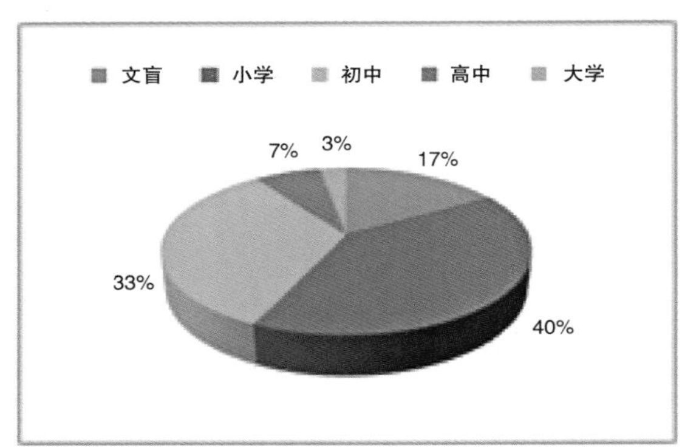

图附录 -2　调查居民年龄构成

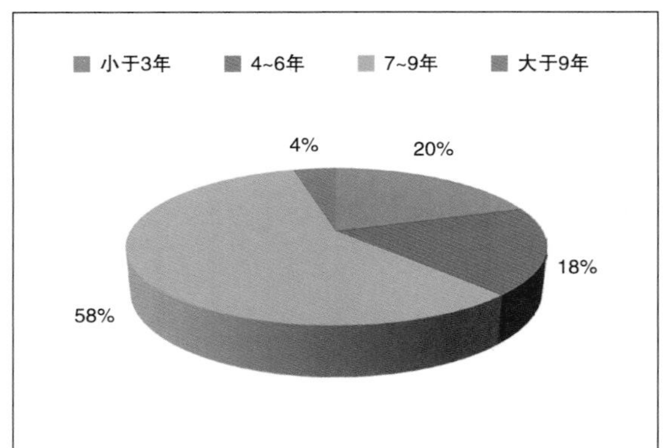

图附录 -3　调查居民征地时间

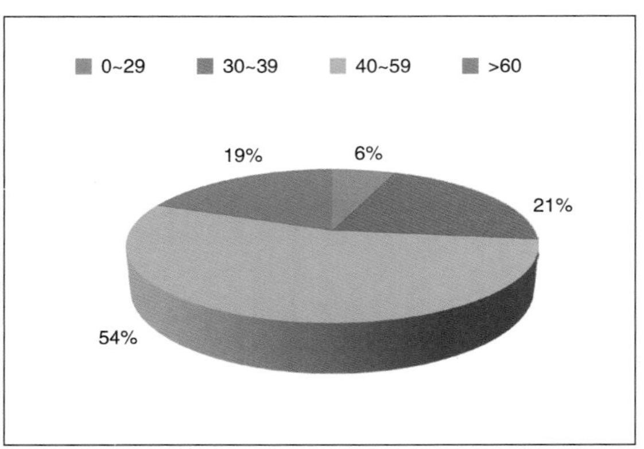

图附录 -4　调查居民受教育程度

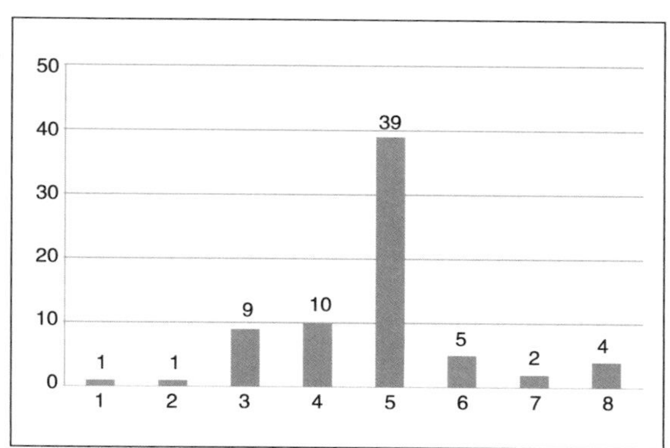

图附录 -5 调查居民家庭人口数统计

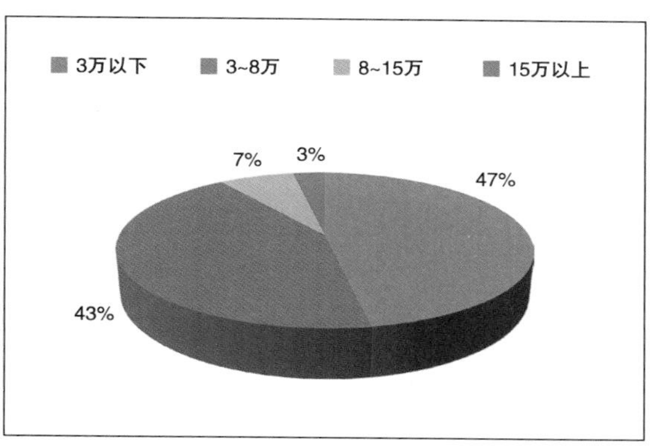

图附录 -6 调查居民年家庭收入

的只占3%。可以看出，被调查居民的文化水平普遍偏低，高等学历者所占比例极少。

在家庭人口结构方面，一家五口所占比例达到39%，是安置居民家庭构成的主要形式，其次是一家三口和一家四口，分别占9%和10%。

最后，在调查居民的家庭年收入方面，3万元以下及3 ~8万元的家庭，分别占47%和43%，家庭收入在8～15万元的只占7%，而收入在15万元以上的仅仅占到3%。

安置与补偿信息统计（1）

通过对安置居民征地前及当前收支情况进行统计，计算平均值发现，征地前，居民的月平均收入为1273元，现在每月平均收入为1410元，相比征地前增长约11%。在每月平均支出上，征地前居民只有345元，约占征地前收入的27%。而现在居民的每月平均支出要达到917.7元，占目前收入的65%。通过两组数据的比较可以发现，虽然目前安置居

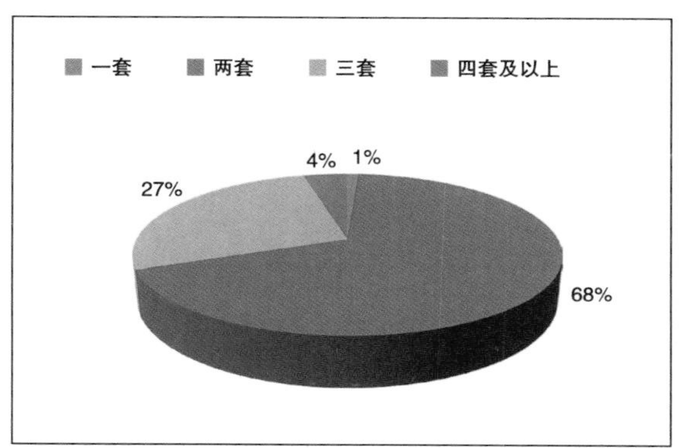

图附录 -7 安置居民获得房屋套数统计

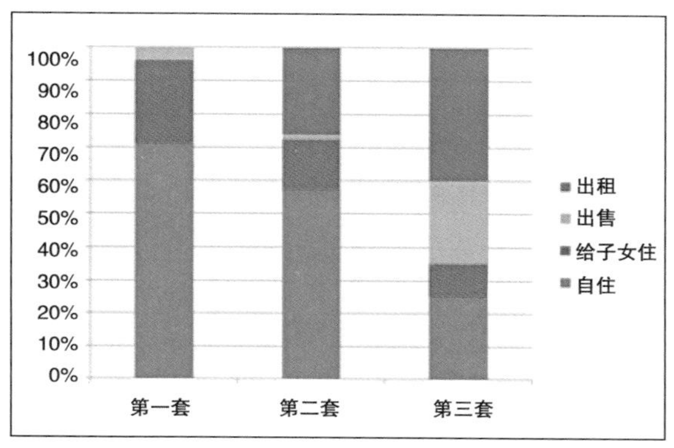

图附录 -8 安置居民获得安置房用途统计

民的收入有所提高，但是提高幅度不及居民在每月支出上的增幅，两者差距明显。

安置居民征地前后收支情况比较　表附录 –1

征地前平均月收入	现在月平均收入	征地前月平均支出	现在月平均支出
1273元	1410.2元	344.8元	917.7元

在房屋补偿方面，统计得出，68%的居民获得两套住房，27%获得三套住房，获得四套及四套以上的有4%，获得一套的为1%。而对安置房总面积与征地前住宅面积进行比较发现，居民在征地前的平均住宅面积为324m^2，获得安置房总面积的平均值为227m^2，两者相差近100m^2，缩水显著。

我们以最大面积的安置房作为居民第一套住房，以此类推，分析安置房前三套的使用情况。居民的第一套住房面积大部分为120m^2，在其使用上基本上是自己或子女居住，而出租的情况基本没有，只有很少的大面积住房采取出售形式。居民的第二套住房以90m^{2}为主，其用途还是以自住或子女居住为主，极少部分出售，不同的是出租比例增多，约占20%。而第三套房的用途上，出租和出售成为主要形式，约占一半以上，自住和子女住的比例较少，只占30%多。

安置居民征地前后平均居住面积比较　表附录 –2

征地前住宅总面积	征地前宅基地面积	安置房总面积
324m^2	304m^2	227m^2

安置与补偿信息统计（2）

在安置居民工作方面，安置前48%的居民从事与农业生产相关的工作，其次为生产运输类的工作，约占23%，商业和服务业为11%。而在安置后，绝大部分从事农业生产的居民开始向其他工作转移，如商业服务、办事及有关人员，但是更多的农民由于没有相应的城市工作技能而沦为无业人员。征地后无业人员所占比例从11%增加到35%，相较原来增加了2倍。

安置居民征地前后从事工作对比　表附录 –3

	与农业生产相关	生产运输设备	商业服务业	办事及有关人员	无业人员	退休
征地前	47.89%	22.54%	11.27%	2.82%	11.27%	4.23%
现在	2.82%	19.72%	22.54%	4.23%	35.21%	15.49%

从安置居民的医疗保险及养老保险两个方面，对安置居民征地前后的参保率进行比较。在医保上，被调查居民的参保率从58%提高到了90%；在养老保险方面，参保率从39%提高到了52%。

安置居民征地前后参保情况比较

表附录 -4

征地前医保	现在医保	征地前养老保险	现在城市养老保险
58%	90%	39%	52%

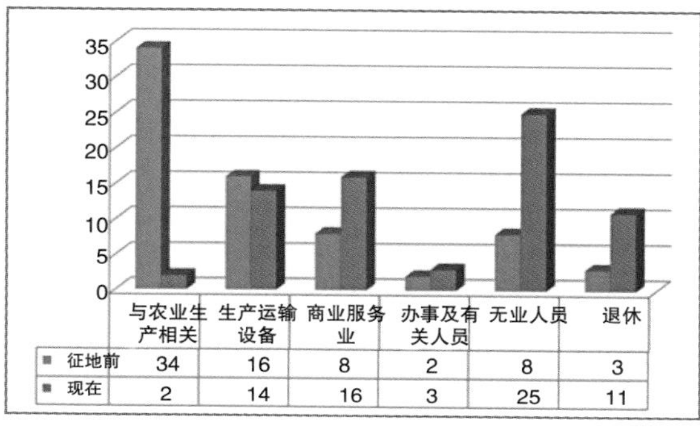

	与农业生产相关	生产运输设备	商业服务业	办事及有关人员	无业人员	退休
征地前	34	16	8	2	8	3
现在	2	14	16	3	25	11

图附录 -9　安置居民征地前后工作情况统计

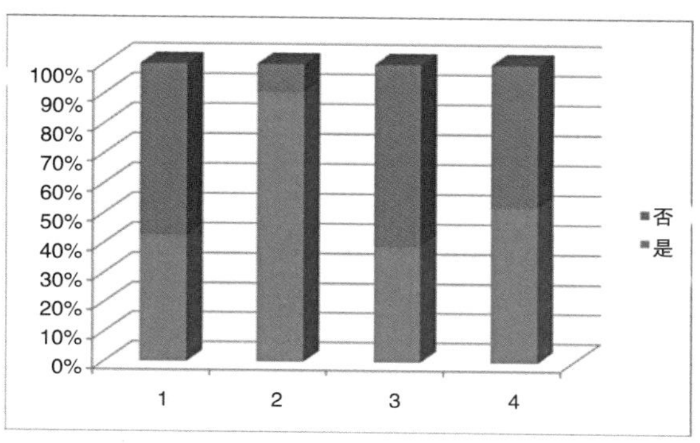

图附录 -10　安置居民参保情况统计

1- 征地前是否参加医保；2- 现在是否参加医保；3- 征地前是否参加养老保险；4- 现在是否参加养老保险

参考文献

[1] 燕冰. 城乡一体化和“苏州经验”[N]. 苏州日报，2010-04-14.

[2] 苏州2.1万个自然村将规划调整为2582个农村集中居住点[EB/OL].2009-2-5. http://www.subaonet.com/html/importnews/200925/I75HA32A549B5EI.html?hmd.

[3] 苏州市城乡一体化发展综合配套改革试点工作领导小组办公室. 苏州城乡一体化发展综合配套改革政策问答[Z]. 2009.

[4] 王芬兰. 重点突破“六个一体化”[N]. 苏州日报，2009-8-8.

[5] 陈建荣，宋建华. 农村新型合作经济组织的发展与转型[J].江苏农村经济，2011（3）.

[6] 何兵，卢立，董遵. 苏州城市化进程中如何保护和发展农村经济[EB/OL]. http://www.szst.cn/toupiao/015.htm.

[7] 王晓宏，孟海龙，陆晓华等. 历史性的新跨越[N]. 苏州日报，2010-6-2.

[8] 沈建华，朱启松. 城乡一体化发展的苏州方略——访江苏省苏州市委副书记徐建明[J]. 江苏农村经济，2009（08）.

[9] 关于苏州城乡一体化的考察报告2010年[EB/OL].

http://wenku.baidu.com/link?url=l0JCsBdz888TYXolETusBdmmEirpo0Za3zFwLI59tbYkIokoPEDUi5xNsVD2w8K5s1WjRtgvBdQPIiA_111dxeBRTCRAIK9RAktKhDwY6Sy.

[10] 2010年苏州市政府工作报告. http://www.js.xinhuanet.com/xin_wen_zhong_xin/2010-10/22/content_21208634.htm，2010-10-22.

[11] 江苏省苏州市推进城乡一体化建设取得显著成效[EB/OL]. 2009-12-11.

http://district.ce.cn/zg/200912/11/t20091211_20600821.shtml.

[12] 姜圣瑜，庾康，高坡等. 转动“土地魔方”，农民进城脚步更轻盈[N]. 新华日报，2010-6-2.

[13] 郭奔胜，陈刚. 苏州创新体制推动城乡一体化显成效[EB/OL].2010-10-22. http://www.js.xinhuanet.com/xin_wen_zhong_xin/2010-10/22/content_21208634.htm.

[14] 苏芳，徐中民，尚海洋. 可持续生计分析研究综述[J]. 地球科学进展，2009（1）.

[15] 乔杰. 基于可持续生计的失地农民安置问题研究[D].重庆：重庆大学，2009.

[16] 李国健. 被征地农民的补偿安置研究[D].泰安：山东农业大学，2008.

[17] 张晓玲，詹运洲，蔡玉梅等. 土地制度与政策：城市发展的重要助推器——对中国城市化发展实践的观察与思考[J]. 城市规划学刊，2011（1）.

[18] 国务院发展研究中心课题组. 中国失地农民权益保护及若干政策建议[J]. 改革，2009（5）.

[19] 方辉振. 城乡一体化的核心机制——以苏州市城乡一体化发展综合配套改革试点为例[J]. 中共中央党校学报，2010（5）.

[20] 罗英辉，焦利娟，孙沫莉，潘刚. 浅谈缩小黑龙江省城乡居民收入的对策和措施[J]. 中国城市经济，2011（18）.

[21] 刘乐，杨学成. 开发区失地农民补偿安置及生存状况研究——以泰安市高新技术产业开发区为例[J]. 中国土地科学，2009（4）.

[22] 任平. 空间的正义——当代中国可持续城市化的基本走向[J]. 城市发展研究，2006（9）.

[23] 徐震. 关于当代空间正义理论的几点思考[J]. 山西师大学报（社会科学版），2007（9）.

[24] 钱振明. 走向空间正义：让城市化的增益惠及所有人[J]. 江海学刊，2007（3）.

[25] 单文慧.不同收入阶层混合居住模式——价值评判与实施策略[J]. 城市规划，2001(2).

[26] 刘爱林. 混合居住与构建和谐城市研究[D].武汉：华中师范大学，2008-05.

[27] 王唯山. 密尔顿·凯恩斯新城规划建设的经验和启示[J]. 国际城市规划，2001（2）.

[28] 张剑. 交往空间在小城镇集合住宅设计中的营造[D].大连：大连理工大学，2007.

[29] 刘静茹. 对房屋户型结构设计更新的研究[J]. 油气田地面工程，2004（4）.

[30] 侯博. 户型设计“人本化”[N]. 中国房地产报，2004-2-12.

[31] 夏飞廷，李健红. 浅谈老年公寓居住环境设计[J]. 华中建筑，2011（8）.

[32] 李鸿烈. 老年居住环境设计研究[D].重庆：重庆大学，2002-11.

[33] 赵民，林华. 居住区公共服务设施配建指标体系研究[J]. 城市规划，2002（12）.

图表索引

图片索引：

图附录：

图B-01 小区四期平面图及效果图（引自B-01小区四期规划设计平面图及效果图）

B-02：图B-02 小区平面图（引自B-02小区规划设计平面图）

图B-02 小区平面图（作者自绘）

B-03：图B-03 小区1、2 号地块平面图（引自B-03小区1、2号地块规划设计平面图）

图B-03 小区3、4 号地块平面图（引自B-03小区3、4号地块规划设计平面图）

B-04：图B-04 小区平面图（作者自绘）

B-05：图B-05 小区平面图（引自B-05小区规划设计平面图）

图B-05 小区实景图（现场拍摄）

B-06：图B-06 小区平面图（作者自绘）

图B-06 小区实景图（现场拍摄）

C-01：图C-01 小区平面图（引自C-01小区规划设计平面图）

图C-01 小区效果图（引自C-01小区规划设计效果图）

C-02：图C-02 小区一、二、三期平面图（引自C-02小区一、二期规划设计平面图）

图C-02 小区效果图（引自C-02小区规划设计效果图）

C-03：图C-03 小区平面图（作者自绘）

图C-03 小区实景图（现场拍摄）

C-04：图C-04 小区平面图（作者自绘）

图C-04 小区实景图（现场拍摄）

C-05：图C-05 小区平面图（引自C-05小区规划设计平面图）

图C-05 小区效果图（引自C-05小区规划设计效果图）

D-01：图D-01 小区平面图（作者自绘）

图D-01 小区实景图（现场拍摄）

D-02：图D-02 小区平面图（作者自绘）

图D-02 小区实景图（现场拍摄）

D-03：图D-03 小区平面图（作者自绘）

图D-03 小区实景图（现场拍摄）

D-04：图D-04 小区一期平面图（作者自绘）

图D-04 小区二期平面图（作者自绘）

D-05：图D-05 小区平面图（引自D-05小区规划设计平面图）

表格索引：

表附录:

后 记

本课题研究报告，虽然调研、成文于四年多前，但是出版却姗姗来迟，用现在流行的话来讲，有点网购“囤积居奇”和股票“捂一捂”的意思。囤也好，捂也罢，之所以会放这么久，实在是当代人论当代事，总怕身在其中、有失偏颇。总觉得时间相隔得久些,反倒看得更清楚些。这些年来，我国社会经济发展进入新常态，经济和社会的转型发展要求日益显现，新型城镇化和城乡发展一体化的实践，不仅证明报告提出的观点和对策是正确的，符合中央方针政策和地方发展实际，而且其指导价值的时效性和实效性非但没有下降，相反与日俱增、日益迫切。这一过程就像若干年前院里埋下了一坛酒，如今开封，酒香依在，至于酿得好坏，还请读者多多指正!

说到这，必须感谢苏州市规划局的施旭副局长和张杏林处长，从课题确立、调查研究、成果报奖到修改出版，二位先生都是课题研究和成果出版最大的推动者和支持者，也是自始至终的参与者。尤其是他们“从实践中来，到实践中去”的工作方法和职业精神，不仅是本次课题发轫的开端，更是贯穿整个研究工作的价值观和方法论。

感谢课题组成员赵小兵、成晋晋、周德坤、赵剑锋、曹喆、刘燕、平茜、孙嘉麟、苏男等对课题调研和报告撰写的付出和贡献，这也是献给我团队成立十余年的一份礼物；感谢对课题研究带来启发和参考的所有引注或未引注参考文献的作者们，是你们粟出的研究成果让课题组可以站在巨人的肩膀上攀登；感谢中国建筑工业出版社的陆新之主任和何楠编辑，没有你们的帮助，本书难以面世。

此外，教育部人文社会科学研究规划基金项目、江苏省优势学科建设基金、江苏省品牌专业建设基金共同支持了本书的出版，谨此深表谢忱！

最后想说的是，从城市规划到城乡规划，一字之别内涵隽永；从传统城镇化到新型城镇化，一词之差气象万千；从农民集居到农民安居，一语之距任重道远！

杨新海

乙未年冬于江枫园